U0360499

电子信息前沿技术丛书

Verilog HDL
计算机网络典型电路算法设计与实现

乔庐峰 陈庆华 晋 军 续 欣 编著

清华大学出版社

北 京

内 容 简 介

本书围绕计算机网络中路由器的基本构成,精选在计算机网络领域广泛应用的 5 类典型电路,包括基于 Trie 的 IP 路由查找电路、SDN 流表电路、空分交换单元、共享存储交换单元和复杂队列管理器等,给出全部电路的算法原理、电路结构、RTL 设计和仿真验证代码。书中的所有代码都在 FPGA 开发环境上进行实际验证,可以直接应用于读者的设计实践中,具有良好的参考价值。

本书主要面向具有一定 Verilog HDL 语法基础,着手进行大规模数字系统设计的电子技术、计算机、通信和网络领域的高年级本科生、研究生和已经进入工作岗位的工程技术人员。

图书在版编目(CIP)数据

Verilog HDL 计算机网络典型电路算法设计与实现/乔庐峰等编著. -- 北京:清华大学出版社,2025.4. --(电子信息前沿技术丛书). -- ISBN 978-7-302-68785-6

Ⅰ. TN79;TP312.8

中国国家版本馆 CIP 数据核字第 2025LH1038 号

责任编辑:文 怡
封面设计:王昭红
责任校对:王勤勤
责任印制:沈 露

出版发行:清华大学出版社
    网 址:https://www.tup.com.cn,https://www.wqxuetang.com
    地 址:北京清华大学学研大厦 A 座   邮 编:100084
    社 总 机:010-83470000   邮 购:010-62786544
    投稿与读者服务:010-62776969,c-service@tup.tsinghua.edu.cn
    质量反馈:010-62772015,zhiliang@tup.tsinghua.edu.cn
    课件下载:https://www.tup.com.cn,010-83470236
印 装 者:三河市龙大印装有限公司
经 销:全国新华书店
开 本:185mm×260mm   印 张:12.75   字 数:312 千字
版 次:2025 年 5 月第 1 版   印 次:2025 年 5 月第 1 次印刷
印 数:1~1500
定 价:59.00 元

产品编号:095752-01

前言

Preface

本书根据作者长期教学科研实践，围绕路由器的典型结构，重点介绍基于 Trie 的 IP 路由查找电路、SDN 流表电路、空分交换单元、共享存储交换单元和复杂队列管理器等 5 类典型电路，涵盖了计算机网络中常用的典型电路。所有电路均给出典型应用场景、算法原理、电路框图、接口定义和工作流程，以及经过实际验证的 RTL 级设计代码并进行详细的注释，可采用 FPGA 或专用集成电路加以实现。主要电路都给出仿真代码和典型仿真结果，便于读者对电路进行理解和分析。

目前，Verilog HDL 类书籍普遍偏重基本语法教学和基本电路设计，或者讲授 FPGA 设计流程，本书则重在帮助具有初步语法基础的读者通过对各类典型工程案例的学习，成体系地熟悉计算机网络领域典型电路的设计与实现，有效积累大规模数字系统设计知识和实际的工程技术经验，为进一步进行本领域的创新实践打下坚实基础。

本书具有以下主要特点：①所选择的案例均具有一定代表性，并且在现有书籍中涉及较少；②每个案例均给出电路的应用场景、算法原理、电路设计代码和仿真验证代码，完备性较高，易于学习；③所有代码都经过工程实践验证，可以直接应用于计算机网络类数字系统的设计，可以采用 FPGA 或者专用集成电路实现；④注重将数字系统设计方法学知识融入不同类型的设计案例中，有助于增加读者对复杂数字系统设计工程学知识的了解，可对其他电路设计起到指导作用。

本书包括 6 章。

第 1 章为概述。简单介绍计算机网络的分层模型及路由器在计算机网络中的基本功能。在此基础上介绍路由器的典型结构、关键电路和部分基础知识，为后面章节的阅读与学习提供支撑。

第 2 章重点介绍全硬件最长前缀匹配电路的算法原理与电路实现。本章对应用于路由器等网络设备中的 IP 地址最长前缀匹配技术进行较为全面的介绍，对基本二进制 Trie 的构造、匹配、删除等操作的算法原理进行分析；给出采用全硬件构造基本二进制 Trie 时的电路结构、电路工作原理、详细设计代码并进行仿真分析。针对基本二进制 Trie 在查找速度和存储空间利用率上的不足，分析路径压缩二进制 Trie 查找电路的结构、算法原理、典型代码和仿真分析结果。

第 3 章对基于哈希的查找技术进行较为系统的分析与设计实现。基于哈希的查找技术可被应用于以太网交换机和软件定义网络（Software Defined Network，SDN）中多级流表的实现。SDN 是近年来高速发展并被逐渐接受的网络技术，流表是其实现路由查找的关键技术。本章重点分析多桶哈希查找电路的算法原理与电路实现，同时，以此为基础，设计典型多级流表电路并进行仿真分析。

第4章给出支持虚拟输出队列的多端口空分交换单元的完整设计。Crossbar是典型的空分交换单元,可广泛应用于各种网络设备中,包括以太网交换机和路由器等,也可作为IP核用于各种分布式处理系统中,进行不同处理单元之间的信息交互。本章给出包括虚拟输入队列、输入仲裁器、输出仲裁器在内的典型Crossbar电路,对设计代码进行仿真分析。

第5章给出典型共享存储交换结构的工作机制和电路实现。共享存储交换结构由自由指针队列管理器、基于链表的8优先级队列控制器以及顶层电路构成。本章对其电路结构、内部接口关系和工作流程进行说明,对其涉及的算法原理进行详细分析,给出完整的设计代码并进行仿真分析。

第6章重点设计支持资源预留的多用户队列管理器和基于DDR的多用户队列管理器。队列管理器是路由器和各类协议处理器等网络设备中的典型电路,可以根据需要同时建立和维护大量的逻辑队列。本章设计的支持资源预留的队列管理器可以为不同的逻辑队列分配私有缓冲区,保证缓冲区使用的公平性,同时,这些逻辑队列还可以按需使用共享缓冲区,提高缓冲区利用率,从而形成灵活的缓冲区分配与使用机制。支持资源预留的队列管理器可以为不同的逻辑队列,基于预先配置的信用值分配输出带宽,实现灵活的带宽分配和多队列输出调度机制。基于DDR的多用户队列管理器采用数据块与数据分段相结合的缓冲区划分与使用机制,可以兼顾缓冲资源按需动态分配和较低的硬件资源消耗,同时支持数据重传,满足特定的数据转发与协议处理需求。

需要说明的是,路由器历经多代发展,可根据应用场景、转发能力、设备结构、部署位置、链路类别等进行分类,形成复杂的设备型谱,涉及庞大的知识体系,无论哪本书都很难全面详尽地加以介绍。本书围绕路由器的基本功能,较为全面地介绍计算机网络中常用的基本电路,给出典型设计代码,旨在帮助学习者快速理解和掌握复杂数字系统设计技术,提升设计能力。

阅读本书时,需要注意以下几点:

(1) 本书的设计代码均采用可综合风格的Verilog HDL实现,仿真验证代码主要基于task高效实现。

(2) 在代码中主要使用FIFO和RAM两类IP核。本书的IP核主要基于Xilinx的ISE或Vivado集成开发环境生成,如果使用其他开发环境,只需略作调整即可。本书的所有代码都可以直接在Xilinx的ISE或Vivado集成开发环境下进行实际验证和仿真分析,也可方便地移植到其他开发环境下。

(3) 本书中所有状态机均采用混合类型而非传统的米里型和摩尔型,更适合设计复杂状态机,使代码可读性更强。

(4) 为了更好地分析仿真结果,模拟真实电路中的门延迟,在代码的赋值语句中加入了延迟,有利于分析信号跳变与时钟上升沿之间的关系。

本书由陆军工程大学乔庐峰教授、陈庆华副教授、晋军副教授和续欣副教授编著。鲁铭洋、张栋、李荣健、王金旭等硕士研究生参与了部分代码调试、仿真验证和内容编写工作,在此表示感谢。

乔庐峰

2025 年 3 月

目录

CONTENTS

第 1 章　计算机网络典型电路概述 …… 1

1.1　计算机网络简介……………… 1

1.2　路由器的基本功能与
　　　工作原理……………………… 2

1.3　路由器的基本构成与
　　　技术简介……………………… 4

　　1.3.1　路由器的基本
　　　　　　构成…………………… 4

　　1.3.2　路由器的 IP 路由
　　　　　　查找技术 ……………… 5

　　1.3.3　路由器的交换
　　　　　　结构…………………… 6

　　1.3.4　路由器的缓存
　　　　　　排队机制 ……………… 8

　　1.3.5　路由器的常用队列
　　　　　　调度机制……………… 10

第 2 章　基于 Trie 的路由查找算法
　　　　　及电路实现……………… 12

　　2.1　基于 Trie 的 IP 路由
　　　　　查找算法………………… 12

　　2.1.1　二叉树查找原理…… 12

　　2.1.2　路径压缩 Trie
　　　　　　查找算法……………… 13

　　2.1.3　多分支 Trie
　　　　　　查找算法……………… 14

　　2.1.4　层级压缩 Trie
　　　　　　查找算法……………… 14

2.2　基本二进制 Trie 的硬件电路
　　　实现与仿真分析…………… 15

　　2.2.1　基本二进制 Trie 的电路
　　　　　　结构和算法原理…… 15

　　2.2.2　基本二进制 Trie 电路
　　　　　　设计与仿真分析…… 19

2.3　路径压缩二叉树算法与
　　　电路实现…………………… 37

　　2.3.1　路径压缩二叉树的
　　　　　　生成………………… 37

　　2.3.2　CTrie 查找电路的
　　　　　　设计与仿真分析…… 41

第 3 章　SDN 流表电路算法与
　　　　　电路实现……………… 53

3.1　哈希查找算法原理 ………… 54

3.2　多桶哈希查找电路设计
　　　与分析 …………………… 55

3.3　多级流表电路设计与分析 … 66

第 4 章　典型空分交换单元的原理
　　　　　与设计………………… 81

4.1　单级 Crossbar 的功能 …… 81

4.2　Crossbar 的电路实现 ……… 84

　　4.2.1　in_queue 电路的设计
　　　　　　与实现……………… 84

　　4.2.2　in_arbiter_4_stream 电路
　　　　　　的设计与实现……… 90

　　4.2.3　out_arbiter_4_stream 电路
　　　　　　的设计与实现……… 99

4.2.4 sequencer 电路的
设计 ·············· 105

4.2.5 crossbar_top_stream
电路的设计与仿真
分析 ·············· 106

第 5 章 共享存储交换单元 ·········· 118

5.1 共享存储交换单元的
工作原理·············· 118

5.2 共享缓存交换结构及
工作流程·············· 121

5.2.1 switch_core 中的自由
指针队列管理
电路 ·············· 123

5.2.2 队列控制器电路 ··· 125

5.2.3 switch_core 电路 ··· 135

第 6 章 常用多用户队列管理器与
调度器电路 ············ 149

6.1 支持资源预留的多用户队列
管理器·············· 149

6.1.1 支持资源预留的
多用户队列管理器
电路结构 ········· 149

6.1.2 支持资源预留的
多用户队列管理器
设计与仿真分析 ··· 151

6.2 多用户队列调度器·········· 167

6.2.1 基于漏桶算法的
多用户队列调度器
电路结构 ········· 167

6.2.2 多用户队列调度器
电路的设计与
仿真分析 ········· 169

6.3 基于 DDR 的多用户队列
管理器·············· 179

6.3.1 基于 DDR 的多用户队列
管理器工作机制 ··· 179

6.3.2 基于 DDR 的多用户
队列管理器设计与
仿真代码 ········· 181

参考文献 ····························· 197

第1章

计算机网络典型电路概述

1.1　计算机网络简介

计算机网络也称计算机通信网,由传输介质和网络设备构成。网络设备通常包括服务器、计算机、路由器、交换机、传输设备等,而传输介质通常包括光纤、双绞线和无线等。在不同网络设备交换信息的过程中,需要遵守相同的规则、标准和约定,即协议。

为了使不同厂家生产的计算机能够相互通信,以便在更大的范围内建立计算机网络,国际标准化组织(International Organization for Standardization,ISO)在 1978 年提出了"开放系统互联参考模型",即著名的 OSI/RM 模型(Open System Interconnection/Reference Model)。它将计算机网络体系结构的通信协议划分为七层,自下而上依次为物理层、数据链路层、网络层、传输层、会话层、表示层和应用层,如图 1-1(a)所示。与此同时,计算机网络的另一种模型 TCP/IP(Transport Control Protocol/Internet Protocol,传输控制协议/Internet 协议)因为因特网的流行而成为计算机网络事实上的标准,如图 1-1(b)所示。TCP/IP 并未对网络接入层进行定义,为了方便学习研究和工程实现,人们通常将 OSI/RM 七层模型的低两层与 TCP/IP 的四层模型结合,形成计算机网络的五层模型,如图 1-1(c)所示。

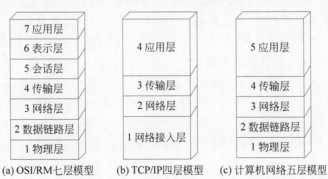

(a) OSI/RM七层模型　　(b) TCP/IP四层模型　　(c) 计算机网络五层模型

图 1-1　计算机网络协议分层模型

计算机网络的五层模型分别为应用层、传输层、网络层、数据链路层和物理层。

应用层主要支持各种网络应用,应用协议仅仅是网络应用的一个组成部分,运行在不同主机上的进程则使用应用层协议进行通信。常见的应用层协议主要有 HTTP、FTP、Telnet 和 POP3 等。

传输层负责为主机之间提供应用程序进程间的数据传输服务,这一层主要定义了两个传输协议,即传输控制协议(TCP)和用户数据报协议(UDP)。

网络层负责将数据报独立地从源主机发送到目的主机,主要解决路由选择、拥塞控制和网络互连等问题,这也是路由器的主要功能。

数据链路层负责将 IP 数据报封装成适合在物理层上传输的数据帧,或者将来自物理层的数据帧解封,取出 IP 数据报交给网络层。

物理层负责以比特流方式在节点间传输数据,物理层使用的具体协议与传输介质有关。

1.2　路由器的基本功能与工作原理

路由器(Router)是计算机网络中的主要节点设备,它通过内部路由决定 IP 数据报的转发。转发策略称为路由选择(Routing),这也是路由器(Router)名称的由来。路由器又称网关设备(Gateway),用于连接多个不同的网络(子网)。当希望数据从一个子网传输到另一个子网时,可通过路由器来完成。路由器具有根据分组的目的 IP 地址选择分组转发路径的功能。简言之,路由器是一种工作在网络层,实现不同网络之间互连,并对数据进行路由选择和转发的网络设备。

作为不同网络之间互相连接的枢纽,路由器构成了基于 TCP/IP 的因特网的主体,也可以说,路由器构成了 Internet 的骨架,它的处理能力和服务能力直接影响着因特网的使用体验。

路由器可以看成一种具有多个输入输出端口的专用计算机,其任务是转发 IP 分组(数据报)。路由器可以从某个输入端口接收分组,根据该分组要去往的目的地,把该分组从路由器某个输出端口转发给下一跳路由器或主机。图 1-2 给出了路由器内部的典型结构,由控制平面(或控制部分)和转发平面(或转发部分)组成。在控制部分,路由器通过运行路由协议交换网络的拓扑结构信息,依照拓扑结构动态生成路由表。在数据转发部分,转发引擎从输入线路接收 IP 分组后,分析与修改分组头,使用转发表查找下一跳,把数据交换到输出线路上。转发表用于根据目的 IP 地址查找下一跳网络设备,把数据交换到相应的输出线路上。转发表是根据路由表生成的,其表项和路由表项有直接对应关系,但转发表的数据结构和路由表不同,它更适合实现快速查找。

路由器对分组的转发是通过查路由表进行的(实际查找的是转发表,由于转发表是根据路由表生成的且对外部不可见,所以通常称为查路由表),路由表的生成可以有两种方式:静态路由和动态路由。

静态路由是由网络管理员在路由器中手工设置的固定路由表。由于静态路由不能对网络拓扑变化作出反应,一般用于网络规模不大、拓扑结构固定的网络中。静态路由的优点是简单、高效、可靠。

动态路由是网络中的路由器之间相互通信,交互路由信息,利用收集的路由信息建立的

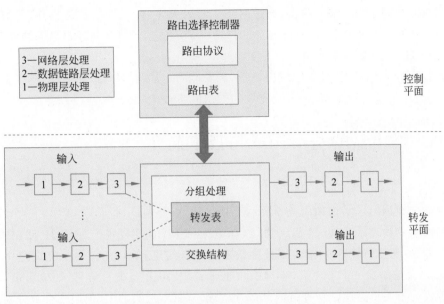

图 1-2 路由器内部典型结构示意图

路由。它能实时地适应网络结构的变化。如果网络状态发生了变化,路由选择软件(路由协议)会根据更新后的网络状态重新计算并更新路由表。动态路由适用于规模大、拓扑复杂的网络。各种动态路由协议会不同程度地占用网络带宽和 CPU 资源,从而增大网络开销。计算机网络体系庞大复杂,根据运维和管理需要,被划分为多个自治域。自治域是指一个具有统一管理机构、统一路由策略的网络。根据是否在一个自治域内部使用,动态路由协议分为内部网关协议(Interior Gateway Protocol,IGP)和外部网关协议(Exterior Gateway Protocol,EGP)。自治域内部采用的路由选择协议称为内部网关协议,常用的有路由信息协议(Routing Information Protocol,RIP)、开放最短路径优先(Open Shortest Path First,OSPF)、中间系统-中间系统(Intermediate System to Intermediate System,IS-IS)等协议;外部网关协议主要用于多个自治域之间的路由选择,常用的有边界网关协议(Border Gateway Protocol,BGP)和边界网关协议 4.0 版(BGP-4)。

路由器的路由表中存储着其获取的、到达不同目的网络的路由信息,如图 1-3 所示。图 1-3 中,四个子网通过三台路由器 R1、R2 和 R3 连接起来。以路由器 R1 为例,该路由器有两个网络接口 E0 和 E1,分别与网络 1(10.0.0.0/8)和网络 2(20.0.0.0/8)直连,通向网络 3(30.0.0.0/8)和网络 4(40.0.0.0/8)的分组需要通过 R2 的 E1 接口中转,接口的 IP 地址为 20.0.0.2。主机 H1 向 H2 发送的 IP 包首先到达 R1,R1 使用目的主机的 IP 地址查找

图 1-3 路由器的分组转发方式

路由表后,通过 R1 的 E1 端口输出,通过网络 2 到达 R2;R2 采用类似的操作,将分组转发给 R3;R3 通过查找路由表,发现目的主机与端口 E0 直连,便将其通过自己的端口 E0 发送给目的主机 H2。

路由器历经多代发展,可根据应用场景、转发能力、设备结构、部署位置、链路类别等进行分类,形成了复杂的设备型谱,涉及庞大的知识体系。

1.3 路由器的基本构成与技术简介

1.3.1 路由器的基本构成

路由器的典型原理结构如图 1-4 所示。其包括 N 个端口,每个端口对应一个线卡,主要实现路由器的物理层功能、链路层功能(如以太网 MAC 层功能)、进行 IP 路由查找(匹配)、流量监管(监视特定业务流的流量参数是否符合约定)等功能。每个完成路由查找的 IP 包(分组)会被添加一个本地头,本地头中携带着 IP 路由查找的结果,如输出端口、转发优先级等。为了便于交换电路进行内部缓存管理,携带本地头的 IP 包通常会被分割成定长的内部信元,较为常见的内部信元长度为 64 字节,一个 IP 包的最后一个信元长度不足 64 字节时,需要进行字节填充。采用不同的设计方案时,本地信元的结构存在差异。

经过线卡处理的 IP 分组形成的内部信元流进入具有 N 个端口的交换结构,实现数据分组在不同端口之间的转发功能。交换结构的种类有很多,可以较为简单,如空分交换单元、共享缓存交换单元,也可以是由基本交换单元组合而成的复杂交换矩阵。

内部信元流经过交换结构进入队列管理器。路由器的交换容量较小时,多个输出端口可以共用一个队列管理器,单端口网络速率较高时,每个输出端口都可以设置一个独立的队列管理器。图 1-4 中,针对每个输出端口都设计了一个独立的队列管理器。

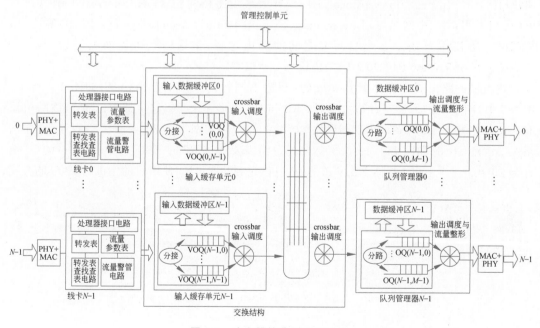

图 1-4 路由器的典型原理结构

在路由器中,凡是涉及共享资源使用的地方,都会使用调度器。调度器会按照调度算法确定由哪个申请者使用共享资源。例如,对于共享缓冲区,多个用户申请对共享缓冲区进行读写操作时,需要由调度器根据算法决定哪个用户可以进行读写操作。当多个队列共享输出带宽时,调度器会根据调度算法决定带宽的分配方式。合理设计调度器,可以使路由器具备一定的服务质量(Quality of Service,QoS)保证能力。例如,输出流量整形电路可以用于输出调度,使特定的业务流具有用户配置的平均输出带宽和最大突发长度。

下面分别介绍路由器的典型组成部分。

1.3.2　路由器的 IP 路由查找技术

目前因特网中的 IP 地址主要采用无类别域间路由(Classless Inter Domain Routing,CIDR)结构,在路由器中采用最长前缀匹配(Longest Prefix Match,LPM)方式查找(匹配)输出端口。路由器的路由查表功能可以由 CPU 通过编程实现,其特点是实现方法简单、灵活,易于建立、修改和维护,不足之处在于查找速度慢,不能满足高性能路由器的需求。目前的高性能路由器中,常用的路由查找实现方式包括以下三种:一是使用高性能专用网络处理器代替普通的处理器实现路由查找算法;二是使用专用器件,如三态内容可寻址存储器(Ternary Content Addressable Memory,TCAM),实现高速查找;三是基于静态随机访问存储器(Static Random Access Memory,SRAM)这类传统存储器件,结合硬件逻辑电路,实现高速 IP 地址的 LPM。

网络处理器是一种针对包解析、包分类、路由查找、流量整形等功能专门优化设计的专用处理器芯片,具有处理速度快和可编程的特点,能够快速、灵活地适应网络需求的变化。网络处理器通常采用多核结构,内部通常由若干基于精简指令集的微处理器和若干协处理器构成,通过总线共享片上和片外存储资源。网络处理器可以提供高速 IP 路由查找功能,使用灵活,缺点是软硬件开发平台复杂,通常功耗较大。

TCAM 是一种新型的存储器件,支持通配符,非常适合 LPM 查找。它可以将输入关键字的内容与存储在 TCAM 中的所有表项同时进行比较,找到符合 LPM 要求的表项并返回表项在 TCAM 中的地址。TCAM 外部接口简单,查找速度快,能在一个硬件时钟周期内完成 LPM 查找。其主要不足是需要采用专用芯片或者专用 IP(Intellectual Property)内核。

基于 SRAM 实现 LPM 时,交换机中的协议处理器首先需要根据路由协议生成当前的路由表,然后根据一定的算法(如 Trie 树算法)生成适合硬件查找的转发表并将其写入硬件查找电路的节点缓冲区(SRAM)中。此后,进入路由器的 IP 分组才能通过全硬件的匹配电路进行 LPM 查找,得到所需的匹配结果。由于 SRAM 本身的特点,这类方案的优点是易于实现大规模路由表,电路功耗低,目前研究较为活跃。

基于 Trie 树的最长前缀匹配算法在高性能路由器中被广泛应用,它们普遍具有实现复杂度低、所需存储空间较小、实现灵活等特点。比较常见的基于 Trie 树的最长前缀匹配算法包括基本二进制 Trie、路径压缩 Trie、多分支 Trie 以及 LC-Trie 等,它们在算法复杂度、匹配速度、存储资源利用率、路由表维护复杂度等方面各有优缺点,可以折中选择使用。

随着软件定义网络技术的发展,其采用的流表技术得到很大的发展和广泛的应用。流表电路可以基于哈希算法实现,此时,首先需要利用哈希函数建立待匹配关键字(如目的 IP 地址)与哈希表存储地址的映射关系。此后,在进行查找时,需要先根据输入的 IP 地址计算其哈希值,然后根据哈希值读取哈希表项,对比哈希表项中存储的关键字和当前输入的 IP 地址,如果匹配中,则可以获得匹配结果。需要注意的是,这是一种对输入 IP 地址的精确匹配,而非 LPM。在 SDN 交换机中,通常会使用多级流表,可以针对当前输入分组的不同关键字段进行匹配,从而大大提高交换机应用的灵活性。哈希查找算法易于硬件实现,匹配速度快,具有良好的可扩展性。哈希查找过程中存在哈希冲突,这是在电路设计时需要重点考虑并解决的问题之一。

1.3.3　路由器的交换结构

计算机网络中的业务数据是以分组为单位在网络节点之间转发的,将输入的分组正确地转发到不同的输出端口,是路由器的核心功能之一,如图 1-5 所示。路由器的输入端口负责接收来自网络接口的数据包(分组),根据分组头携带的信息,如目的 IP 地址,查找转发表,确定从哪个端口输出。此后,输入分组携带着查找转发表获取的输出端口信息进入交换结构,被交换结构转发到相应的输出端口。输出端口按照输出调度规则,将数据包发送到外部链路。

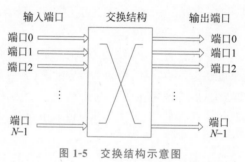

图 1-5　交换结构示意图

交换结构(交换单元)可以分为两大类:时分交换结构(时分交换单元)和空分交换结构(空分交换单元),如图 1-6 所示。

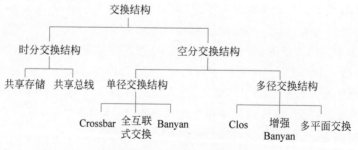

图 1-6　常用交换结构的分类

时分交换结构的特点是通过共享存储或共享总线实现不同端口之间分组的转发。典型的时分交换结构为共享存储型和共享总线型。这两种交换结构的交换容量会受到存储访问带宽和总线带宽的限制,优点是缓存资源利用率较高、实现较为简单。

空分交换结构可以在输入和输出之间构建一个开关矩阵,通过控制开关矩阵,可以在不同入口和不同出口之间同时建立多个连接,实现大容量交换。理论上这种交换结构的交换容量为交换结构所有端口带宽之和。空分交换结构的优点是结构简单、交换容量大、易于实现组播和广播、交换时延小等,缺点是需要设计仲裁机制,解决同一时刻多个输入数据分组请求从同一个端口输出的问题。

随着交换机端口数量的增加和单端口数据速率的提高,仅采用时分交换结构或者空分交换结构通常无法满足系统设计要求。此时,设计者会将不同类型的交换结构按照一定拓扑相互连接,构成复杂的交换网络,提供多端口、大容量交换能力。

Clos 结构是一种通过将多个容量较小的交换单元按照一定拓扑连接而构建的大容量多级交换结构。图 1-7 是一个典型的三级 Clos 交换矩阵,其由 k 个输入级模块(Input Module, IM)、m 个中间级模块(Central Module, CM)、k 个输出级模块(Output Module, OM)按照特定的拓扑连接而成,每个交换模块和相邻的任一交换模块都有一条路径相连。每个 IM 和 OM 都有多个接口,从而增大其支持的端口数。

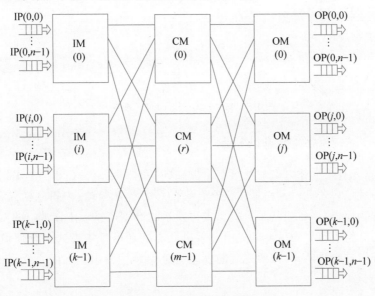

图 1-7　三级 Clos 交换结构

三级 Clos 结构是一种多径交换结构,其可为一对输入端口与输出端口提供多条数据包传输通道,输入数据可选择其中任意一条到达相应的目的输出端口,因此其具有较高的可靠性。三级 Clos 交换结构中的每个交换模块都是无阻塞的,但是整个交换结构可能产生阻塞。通过增加中间级模块的数量,也就是 m 值越大时,三级 Clos 网络的内部阻塞概率越低,当 m 值达到一定条件时,三级 Clos 交换结构将成为无阻塞结构。

目前的三级 Clos 网络通常采用三种结构,即三级均无缓存的空分-空分-空分(Space-Space-Space, SSS)结构,中间级无缓存的存储-空分-存储(Memory-Space-Memory, MSM)结构,以及三级均有缓存的存储-存储-存储(Memory-Memory-Memory, MMM)结构。图 1-8 是典型的 MSM 型三级 Clos 交换结构,其相邻级之间需要采用级间匹配算法,最大限度地提升交换矩阵的吞吐率。

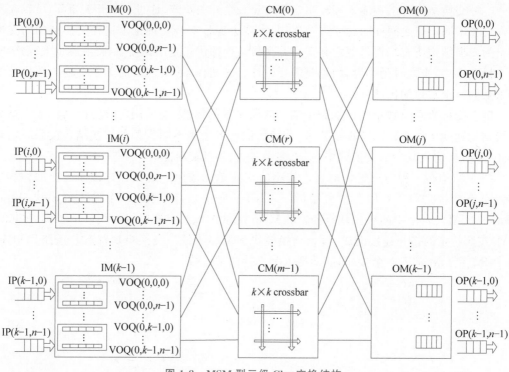

图 1-8　**MSM 型三级 Clos 交换结构**

1.3.4　路由器的缓存排队机制

路由器中,来自不同输入端口的分组可能在同一时刻希望去往相同的输出端口,此时会发生输出竞争现象。若此时路由器中没有合理的缓存排队策略,未得到输出机会的分组可能被直接丢弃。此外,当希望从某个输出端口发送的数据流量大于该端口的发送速率时,无法及时发送的分组也存在被丢弃的风险。解决此类问题的基本方式是合理设置缓冲区,将需要输出的分组进行排队,再按照一定的规则将分组调度输出。下面介绍路由器中常见的缓存排队机制。

1. 输出排队机制

路由器采用输出排队机制时,原理结构如图 1-9 所示。该结构中,每个输出端口都对应设有一个逻辑队列,信元从输入端口进入后,可立即传输到输出端口。当分组的到达速率比输出速率快时,可在队列中缓存。一个输出端口内部可以设置多个逻辑队列,存储具有不同转发优先级的分组,输出端口可根据分组的优先级,按照 QoS 等级进行输出调度,从而满足不同类型业务的转发需求。输出排队机制的性能会受到交换结构自身交换容量和存储器访问带宽的限制。例如,所有输出端口采用单端口 SRAM(读写操作不能同时进行)作为共享数据缓冲区时,虽然可以做到缓冲区高效利用,但路由器的最大吞吐率只能按照 SRAM 访问带宽的二分之一估算。如果需要提高路由器的吞吐率,可以在片内设置多块独立的数据缓冲区,例如,每个输出端口都设置一块独立的 SRAM 作为数据缓冲区,可以大幅提升路由器的交换容量,只是相对于各端口之间完全共享缓冲区,缓冲区利用率会下降,总缓冲区容量需求会明显增加。

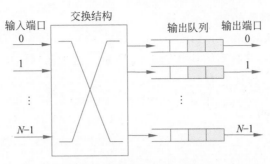

图 1-9 输出排队结构示意图

2. 输入排队机制

路由器采用输入排队机制时,原理结构如图 1-10 所示。此时,每个输入端口都有一个输入队列,不同的输入队列可以相互独立,也可以部分输入端口或者全部输入端口共享同一块数据缓冲区。输入分组进入交换结构之前,先在输入队列中缓存,然后根据一定的调度算法通过交换结构的转发进入不同的输出端口。采用图 1-10 所示的排队机制时,存在队头阻塞(Head of Line,HoL)问题。每个输入队列是一个简单先入先出队列时,如果队首分组在与其他输入端口的队首分组竞争同一个输入端口并暂时失利时,排在其后的分组去往的输出端口即便处于空闲状态也无法输出。

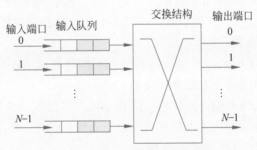

图 1-10 输入排队结构示意图

解决 HoL 问题的方法是使用虚拟输出排队(Virtual Output Queuing,VOQ)机制,如图 1-11 所示。此时,在每个输入端口设有 N 个逻辑队列,即 VOQ,每个队列缓存去往一个输出端口的分组。每个逻辑队列都可以向输入端口发送输出调度请求。这种机制可消除 HoL 问题,将交换结构的吞吐率提高到接近 100%。但此时逻辑队列的数量会迅速增加,输出调度的复杂度也会明显提升。

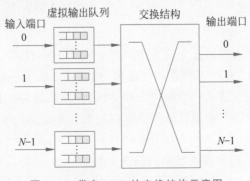

图 1-11 带有 VOQ 的交换结构示意图

3. 联合输入输出排队机制

联合输入输出排队(Combined Input and Output Queuing,CIOQ)是结合输入排队和输出排队优点的排队机制,其队列结构如图1-12所示。这种队列结构具有更高的灵活性,可以兼顾高吞吐率和QoS保证能力。

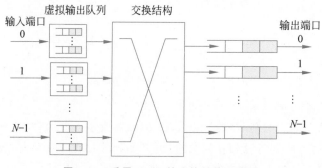

图 1-12　采用 CIOQ 的交换结构示意图

1.3.5　路由器的常用队列调度机制

在交换结构中,凡是多个用户竞争使用存储资源或带宽资源时,都需要使用调度器。调度器按照一定的算法处理不同用户的资源占用请求。较为常用的调度器包括严格优先级(Strict Priority,SP)调度器、公平轮询(Round Robin,RR)调度器和加权公平轮询(Weighted Round Robin,WRR)调度器。

严格优先级调度主要用在一个端口内部具有不同优先级的逻辑队列之间,采用SP调度时,系统根据设计需求为每个逻辑队列分配一个优先级,只要高优先级队列非空,有完整的数据帧需要输出,就会优先输出高优先级队列中的数据分组。这种调度方式在高优先级业务占比过大时,可能造成低优先级业务长期得不到输出调度,相关业务可能会因此中断。严格优先级队列调度算法原理如图1-13所示。

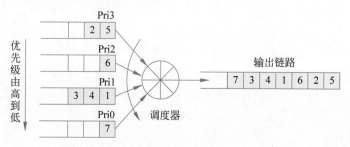

图 1-13　严格优先级队列调度算法示意图

图1-13中,4个逻辑队列的优先级从高到低分别为Pri3、Pri2、Pri1和Pri0。调度器会先将高优先级逻辑队列的数据包全部调度输出,然后再考虑下一优先级队列中的数据包。如图所示,调度器先将Pri3队列的数据包5和2输出,然后再考虑优先级为Pri2的逻辑队列。以此类推,优先级为Pri0的逻辑队列只有在前面3个高优先级队列中的数据包都完成输出后,才能被调度输出。SP队列调度算法的优点是简单,易于硬件设计实现,高优先级业务可得到服务质量保证。这种调度机制的缺点也显而易见,就是公平性较差,如果高优先级业务流量始终较大,低优先级业务可能始终得不到输出机会,出现"饿死"现象。

公平轮询调度算法对不同逻辑队列的优先级不做区分,按顺序依次循环地为每个逻辑队列提供调度服务。图 1-14 是 RR 队列调度算法示意图。

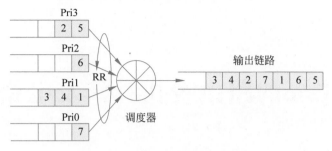

图 1-14　RR 队列调度算法示意图

图 1-14 中包括 4 个逻辑队列(仍然用 Pri3-Pri0 表示),RR 调度算法在第一轮循环中依次从 Pri3-Pri0 对应的队列中输出数据 5、6、1、7;第二轮循环中,由于 Pri2 和 Pri0 队列为空,故该轮循环调度输出数据为 2、4;第三轮循环仅有 Pri1 队列中有数据,因此输出数据 3。RR 队列调度算法能够提供良好的公平性,但对于特定的高优先级业务,无法提供所需的带宽保证。

WRR 算法为每个逻辑队列分配了一个权重值 w_i 和一个与该权重值对应的计数值 C_i,如图 1-15 所示,为了便于硬件设计实现,w_i 和 C_i 都设为整数值。

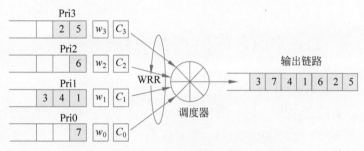

图 1-15　基于 WRR 的队列调度算法示意图

调度器初始化时,每个逻辑队列的计数值和权重值相等,在一个调度周期内,可以输出的分组数为所有队列的权重之和。一个调度周期内,各个逻辑队列可以最多输出与权重相当的分组数,每输出一个,相应队列的 C_i 值减 1。如果所有队列对应的 C_i 值都减少到 0,或者有的队列 C_i 值虽然没有减少到 0,但已经没有分组可以发送,则当前调度周期结束,调度器进入下一个调度周期。例如,图 1-15 中,优先级为 Pri3、Pri2 和 Pri1 的队列权重值均为 2,而 Pri0 对应队列的权重值为 1。在一个调度周期内,Pri3 和 Pri1 对应的队列输出了两个数据分组;Pri2 对应的队列中只有一个分组,因此只输出一个分组;Pri0 对应的队列根据权重值 1 输出了一个分组,当前调度周期结束。在第二个调度周期,只有 Pri1 对应的逻辑队列有数据,因此直接输出,其他队列的 C_i 值虽然不为 0,但队列均为空,所以第二个调度周期只输出了一个分组。需要说明的是,这里的 C_i 值常用的计数单位是等长的内部信元数。WRR 队列调度算法可以兼顾不同类型业务的调度优先级和公平性,使用较为广泛。

第2章

基于Trie的路由查找算法及电路实现

本章对应用于路由器等网络设备中的 IP 地址最长前缀匹配技术进行较为全面的介绍；对基本二进制 Trie 的构造、匹配、分支删除等算法原理进行分析；给出基本二进制 Trie 电路的内部结构、工作原理、详细设计代码并进行仿真分析。针对基本二进制 Trie 在查找速度和缓存利用率上的不足，设计路径压缩 Trie 电路，给出算法原理、电路结构、典型代码和仿真分析结果。

2.1 基于 Trie 的 IP 路由查找算法

2.1.1 二叉树查找原理

Trie(或 Trie 树)，又称为字典树、前缀树，是一种用于信息检索的数据结构。Trie 一词源自英文单词 retrieval。对于 IP 地址最长前缀匹配(Longest Prefix Match，LPM)问题，根据前缀表创建 Trie 树并用于路由查找是一种常见的方法。图 2-1 展示了一个最大前缀长度为 5 的前缀表及其相应的 Trie 树结构。前缀表中，Trie 树的根节点代表一个空的前缀，通常用来表示默认路由，记作" * "，图中灰色节点表示当前路径代表的前缀是存在的。Trie 树中每个节点都有一个左分支节点和一个右分支节点(通常称为该节点的左子节点和右子节点，或者简称为左儿子、右儿子)，它们分别表示比特"0"和"1"对应的分支，这种 Trie 树也因此称为二叉树(Binary Trie)或者二进制 Trie(树)。

执行路由查找时，沿着与给定目的 IP 地址相关联的路径(即从最高位开始，根据目的 IP 地址中的每一位)遍历前缀表对应的 Trie 树，当到达一条路径最末端的叶子节点(或称为叶节点)时，沿着给定路径匹配到的最后一个前缀，就是 LPM 结果。以目的地址 01010 为例，按照图中路径达到叶子节点时，经过的最后一个前缀是 P2，因此其 LPM 结果为 P2。

Trie 这种数据结构具有简单、空间紧凑、查找操作方便等特点，被大多数 LPM 算法采用。然而，随着查找深度的增大，二叉树的查找效率会大幅降低。因为这种依靠指针实现、逐位检索的匹配机制在最坏情况下需要进行与地址位宽相同的存储访问次数。因此，无论是采用软件实现还是采用硬件实现，查找速度都受限于存储访问次数，不适用于高速查找。为提高查找速率，基于二进制 Trie，又衍生出了多种查找算法。

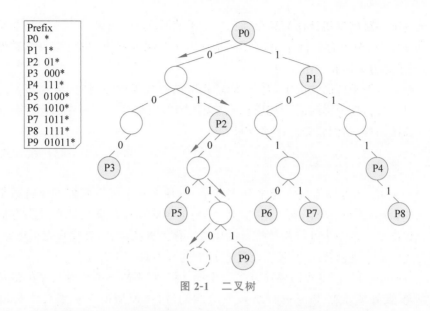

图 2-1 二叉树

2.1.2 路径压缩 Trie 查找算法

为了提高查找速度,可以采用降低二进制 Trie 高度、减少存储访问次数的方法。其中一种方法是使用路径压缩技术。路径压缩 Trie(Compressed Tried,CTrie)算法可将二进制 Trie 中连续出现的、单一分支上不含路由前缀信息的多个空节点压缩为一个多比特匹配路径,从而实现一次存储访问匹配多个比特,最终达到减少存储访问次数,提高匹配速度的目的。

图 2-2(a)是路由前缀节点为 $P = \{P1(1^*), P2(00^*), P3(101^*), P4(1000^*),$ $P5(1111^*)\}$ 的二进制 Trie,通过压缩不包含路由前缀信息并且只有一个分支的节点,变成了图 2-2(b)。节点数据结构中增加了压缩的位数(skip)和压缩内容(segment),skip 用来表示在被压缩路径上跳过了多少个比特,segment 给出了被压缩路径对应的多个比特位。经过压缩之后,查找过程不再是逐比特查找,而是根据 skip 和 segment 的值决定下一步需要匹配的比特位。如果该前缀是某个 IP 子网的前缀,则相应存储区中可以存储下一跳信息指针并转向其所指的下一个 Trie 节点。当匹配失败或者到达叶子节点时,查找终止,此时最

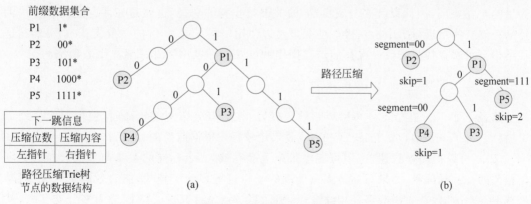

图 2-2 路径压缩 Trie 示例

近一次记录的下一跳信息指针作为结果返回。需要说明的是,如果一个节点是与某个路由表项对应的实节点,节点存储区中可以存储指向匹配结果的指针,也可以直接存储匹配结果,前一种方式更为灵活和常用。

在没有路径压缩条件的情况下,路径压缩 Trie 的查找速度、存储区消耗和二进制 Trie 是一样的。当二叉树较为稀疏时,对其进行路径压缩能明显降低二进制 Trie 的匹配次数,减少节点存储区消耗,达到较好的压缩效果。

2.1.3 多分支 Trie 查找算法

除路径压缩外,还可以通过构建多分支 Trie、增加在每个节点匹配的比特数来提高查找速度。例如,每一步查找时匹配 4 比特,那么 IPv4 地址查找最多只需要 8 次存储器访问就能返回查找结果。每一步查找需要检查的比特数称为查找步宽,查找步宽可以是固定的,也可以是变化的。二进制 Trie 实际上就是查找步宽为 1 的二分支 Trie。

多分支 Trie 的每一步查找需要检查多个比特,因此它不能支持任意长度的地址前缀匹配。为了能够使用多分支 Trie 进行最长前缀匹配,需要使用前缀扩展技术构造多分支 Trie。图 2-3 给出了前缀集合及其对应的多分支 Trie。

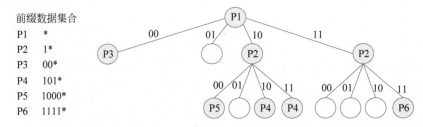

图 2-3 步宽为 2 的多分支 Trie

在图 2-3 中,由于查找步宽为 2,故长度为 1 和 3 的地址前缀不允许存在,需要把前缀 P2 和 P4 分别转换成长度为 2 和 4 的前缀集合。相比二进制 Trie,多分支 Trie 在深度上有了明显的减小。多分支 Trie 的查找过程与二进制 Trie 的查找过程类似,当多分支 Trie 采用的查找步宽大于 1 时,可以有效减少内存访问次数,提高查找速度。

多分支 Trie 需要通过前缀扩展的方法来建立,在前缀扩展过程中,前缀的转发信息被扩展到了 Trie 的多个节点中,导致信息的冗余度增加。另外,在步宽增大的同时也会耗费大量的存储空间,因此设计多分支 Trie 的关键是步宽的选择,也就是在匹配速度和算法消耗的存储空间上进行折中。在极端情况下可以使用一层步宽为 32 的多分支 Trie,显然在这种结构下每次查找只需要一次存储访问操作就可以了,但是需要耗费 2^{32} 个表项空间。

2.1.4 层级压缩 Trie 查找算法

路径压缩 Trie 在节点分布稀疏时效果较好,在节点分布密度较高时,使用层级压缩二叉树(Level Compression Trie,LC-Trie)效果比较好。根据前面的分析可知,固定步宽的多分支 Trie 可以提高查找速度,但可能会带来冗余存储,冗余存储的数量与节点分布的密度是相关的。从局部看,如果只对节点密度高的子树进行多分支查找,能有效减少冗余存储。构造 LC-Trie 时,首先构造路径压缩 Trie,然后将节点密度高的子树构造为多分支 Trie,从而在提高查找速度的同时最大限度地减少冗余存储。

下面以图 2-4 中的例子说明如何构造 LC-Trie。在构造 LC-Trie 时,首先要对二进制 Trie 进行独立前缀转化,使其只有叶子节点包含前缀信息;其次是找到路径压缩 Trie 的满子树,把它们变为多分支查找节点。图 2-4 中,图 2-4(a) 是二进制 Trie,只有叶子节点上有前缀信息;图 2-4(b)是路径压缩 Trie;图 2-4(c)是 LC-Trie。图 2-4(b)中的路径压缩 Trie 的前三层形成了一棵满子树,在图 2-4(c)中它被转换成了单层步宽为 2 的子树。LC-Trie 算法结合了路径压缩 Trie 和多分支 Trie 的优点,但构建 LC-Trie 的操作比较复杂,对 LC-Trie 的节点插入和删除操作导致树的结构变动比较大,并且硬件实现复杂度较高。

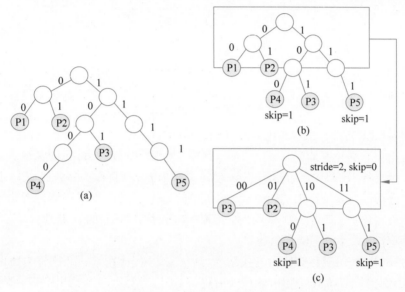

图 2-4　(a)二进制 Trie、(b)路径压缩 Trie 和(c)LC-Trie

2.2　基本二进制 Trie 的硬件电路实现与仿真分析

本节给出基本二进制 Trie 路由匹配电路的算法原理、电路结构、设计代码和仿真分析。

2.2.1　基本二进制 Trie 的电路结构和算法原理

基于二进制 Trie 的路由查找电路内部结构如图 2-5 所示。图中的 trie_sram 为二叉树节点存储区,用于存储二叉树中的空节点和实节点,节点的数据结构如表 2-1 所示,包括 left_son、right_son 和 index。当参与匹配的比特为 0 时,以 left_son 为指针寻找下一个二叉树节点,否则根据 right_son 为指针寻找下一个二叉树节点,index 为全 0 时表示当前节点为空节点,否则为实节点,此时的 index 值为 ip_sram(用于存储匹配结果)的读地址,根据 index 可以从 ip_sram 中读出路由查找结果。需要说明的是,IP 路由查找采用最长前缀匹配方式,最终查找结果存储在匹配路径上的最后一个实节点中。ptr_fifo 是一个先入先出存储器,深度与二叉树节点存储区相同,用于存储可用的二叉树节点存储区地址。在建立二叉树时,本电路的主状态机需要首先从 ptr_fifo 中读出一个可用的二叉树节点存储地址,然后以此为地址将二叉树节点内容写入 trie_sram。进行路由表删除时,trie_sram 中释放出来的节点存储区地址会被主状态机写入 ptr_fifo,实现二叉树节点存储资源的回收和循环使用。

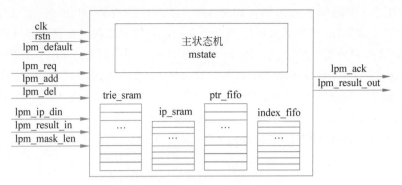

图 2-5　二进制 Trie 的路由查找电路内部结构图

表 2-1　节点数据结构

left_son[15:0]	right_son[15:0]	index[15:0]

在系统刚开始工作时,主状态机需要对 ptr_fifo 进行初始化,此时主状态机会将 trie_sram 中的全部可用存储空间地址写入 ptr_fifo。例如,本设计中 trie_sram 的深度为 8192,初始化时主状态机会将 1~8191 写入 ptr_fifo,地址 0 没有被使用,作为特殊地址用于表示无后续节点。在进行路由表项添加的时候,二叉树中的每个节点的具体存储位置由 ptr_fifo 中读出的指针决定,进行路由表项删除时,二叉树中被删除节点的存储地址需要重新写入 ptr_fifo,从而实现二叉树存储资源的释放。

图中的 ip_sram 用于存储路由查找结果,其位宽为 64 比特,高 48 比特为路由器出端口下一跳 MAC 地址,低 16 比特为出端口映射位图,每比特对应一个输出端口,哪个比特为 1 表示从哪个端口输出;如果为全部为 1,表示向所有端口广播该数据包;如果有多个比特为 1,表示对该数据包进行组播。index_fifo 存储的是 ip_sram 中可用存储空间的地址。在进行路由表项添加时,对于实节点,查找结果就写在 ip_sram 中,index 就是写入操作的地址,它是从 index_fifo 中读出的。进行路由表项删除时,二叉树中实节点中的 index 值需要被写入 index_fifo,从而实现存储空间的释放和循环使用。

本设计中二叉树存储区深度为 8191,存储查找结果的 ip_sram 深度为 2047,二者的地址 0 均用于表示"空"。二者的存储深度比值约为 4∶1,这是根据路由表项前缀长度均匀分布的情况下得到的经验值。如果需要增加路由表规模,那么需要加大两个存储区的深度,同时增加 ptr_fifo 和 index_fifo 的深度。

1. 表项添加操作

如图 2-6 所示,系统完成初始化后,添加第一个路由表项 a,假定其前缀为 000,子网掩码长度为 3,匹配结果为 ra。电路进行添加操作时,首先读出 trie_sram 的地址 0,其初始值为全 0,然后从 ptr_fifo 中读出一个可用的 trie_sram 存储区地址,此时其值为 1,由于当前前缀的最高位为 0,所以将地址 1 作为节点 0 的左儿子并更新节点 0 的内容,将图中地址 0 对应内容写入节点存储区。此后由于前缀中的第二个比特仍然为 0,继续从 ptr_fifo 中读出一个可用的 trie_sram 存储区地址,其值为 2,然后将图中地址 1 对应的内容写入 trie_sram,如图所示,其左儿子地址为 2。当前前缀的第三个比特仍然为 0,重复上述操作,将地址 3 作为当前节点的左儿子,写入地址 2。由于当前表项前缀长度为 3,因此节点 2 的左儿子指向的节点 3 为二叉树的叶节点,其左儿子、右儿子值均为 0,表示没有后继分支,同时匹配结果为 ra,其中的 ra 是从 index_fifo 中读出的 ip_sram 可用地址(索引)。当前表项对应的匹配结果,此处为下一跳 MAC 地址和输出端口映射位图,被写入 ra 对应的 ip_sram 存储区域。

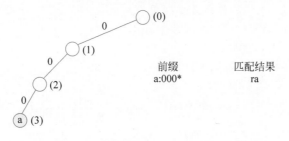

address	左分支节点指针 (ptr0)	右分支节点指针 (ptr1)	匹配结果
0	1	0	0
1	2	0	0
2	3	0	0
3	0	0	ra

图 2-6 第一个表项添加后二进制 Trie 的结构

此后添加前缀为 01 的路由表项 b,如图 2-7 所示。具体操作时,首先读出 trie_sram 地址 0 中的内容,其值如图中所示,当前待添加表项最高位为 0,因此以节点 0 左儿子为地址对 trie_sram 进行读操作,读出节点 1 中的内容,当前待添加表项第二位为 1,而节点 1 中右儿子为 0,说明需要添加相应的分支。此时电路会首先从 ptr_fifo 中读出一个可用的 trie_sram 存储区地址,此时其值为 4,将它作为节点 1 的右儿子,更新节点 1 的存储内容。此后对节点 4 进行更新,由于当前表项前缀为 2,所以节点 4 没有后继节点,其存储的内容如图 2-7 中所示,其中的 rb 是从 index_fifo 中读出的 ip_sram 可用地址(索引)。此后,当前表项对应的下一跳 MAC 地址和输出端口映射位图被写入以 rb 为地址的 ip_sram 中。

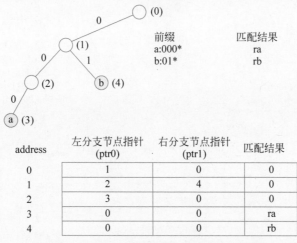

address	左分支节点指针 (ptr0)	右分支节点指针 (ptr1)	匹配结果
0	1	0	0
1	2	4	0
2	3	0	0
3	0	0	ra
4	0	0	rb

图 2-7 第二个表项添加后二进制 Trie 的结构

同理,可以将前缀为 0010 的路由表项添加至转发表,添加后的结果如图 2-8 所示。

重复上述操作,图 2-9 给出了全部路由表项均被添加后得到的二叉树和节点缓冲区的值。

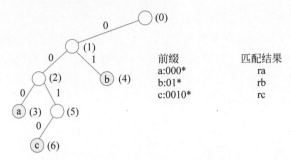

address	左分支节点指针 (ptr0)	右分支节点指针 (ptr1)	匹配结果
0	1	0	0
1	2	4	0
2	3	5	0
3	0	0	ra
4	0	0	rb
5	6	0	0
6	0	0	rc

图 2-8 第三个表项添加后二进制 Trie 的结构

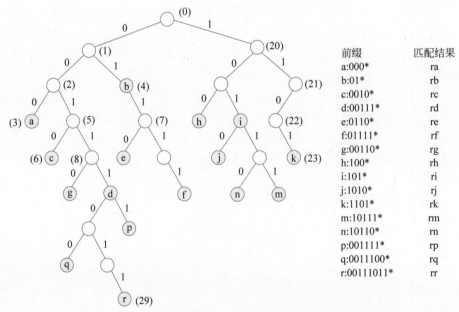

address	左分支节点指针 (ptr0)	右分支节点指针 (ptr1)	匹配结果
0	1	0	0
1	2	4	0
2	3	5	0
3	0	0	ra
4	0	7	rb
5	6	8	0
6	0	0	rc
...			
29	0	0	rr

图 2-9 全部表项添加后二进制 Trie 的结构

2. 表项删除操作

如图 2-10 所示,表项删除主要涉及图中虚线标出的三种情况。

第一种情况中,待删除表项对应的节点 b 有后继节点,进行表项删除操作时,需要将节点中的索引 rb 修改为 0,使节点变为空节点,节点的左儿子和右儿子保持不变,以维持二叉树拓扑结构不变。节点对应的索引值 rb 需要写入 index_fifo,供循环使用。

第二种情况中,待删除节点是叶节点,同时其前节点有两个分支,此时需要将表项对应的节点从二叉树中删除,同时修改前节点,将其左儿子修改为 0。在删除过程中,叶节点 c 的地址需要被写入 ptr_fifo,索引 rc 需要被写入 index_fifo,以实现节点存储区和结果存储区的循环使用。

第三种情况最为复杂,除了需要删除节点 k,还需要删除节点 21 和 22,将节点 20 的右儿子置为 0,操作过程中释放的节点存储区地址需要被写入 ptr_fifo,索引 rk 需要被写入 index_fifo,供循环使用。

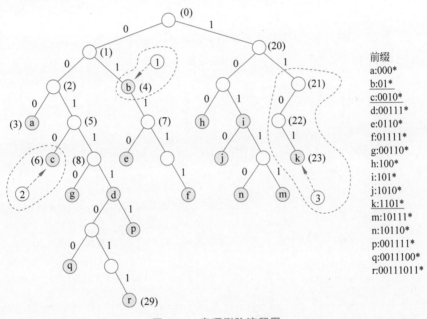

图 2-10 表项删除流程图

3. 表项查找过程

相对于添加与删除操作,表项查找(匹配)操作较为简单,只需要根据待匹配前缀,从二叉树的地址 0 开始依次进行匹配,直到叶节点或者没有相应分支,然后将最长前缀匹配结果作为最终匹配结果输出。

2.2.2 基本二进制 Trie 电路设计与仿真分析

基于二进制 Trie 的路由查找电路符号如图 2-11 所示,相关输入输出端口定义如表 2-2 所示。

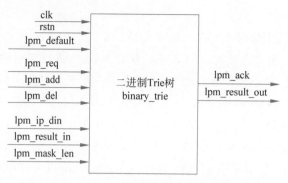

图 2-11 二进制 Trie 路由查找电路符号图

表 2-2 电路的端口定义

端口名称	I/O 类型	位宽/比特	含义
clk	input	1	系统时钟
rstn	input	1	复位,低电平有效
lpm_default	input	64	默认匹配结果,当前待匹配 IP 地址没有匹配中任何节点时,输出默认匹配结果。例如,包括默认的下一跳 MAC 地址和输出端口映射位图
lpm_req	input	1	路由表项查找(匹配)请求,高电平有效
lpm_add	input	1	路由表项添加操作请求,高电平有效
lpm_del	input	1	路由表项删除操作请求,高电平有效
lpm_ack	output	1	路由表项查找、添加、删除操作应答信号,高电平有效
lpm_ip_din	input	32	进行匹配的目的 IP 地址
lpm_result_in	input	64	待添加表项匹配结果,例如,高 48 比特是下一跳 MAC 地址,低 16 比特是输出端口映射位图,每个比特对应一个输出端口
lpm_mask_len	input	6	待添加表项子网掩码长度,取值范围为 1~32
lpm_result_out	output	64	匹配(查找)结果,例如,高 48 比特是下一跳 MAC 地址,低 16 比特是输出端口映射位图,每个比特对应一个输出端口

路由器中的协议处理器根据用户配置的参数生成静态路由表,或者基于路由协议生成动态路由表,而后可以使用本课题设计的全硬件电路,将所有路由表项添加至基于二叉树的转发表中。本电路可以采用 FPGA 实现,也可以采用专用芯片实现。本电路采用了全硬件的表项添加、查找(匹配)和删除操作,支持快速路由更新,可以适应网络拓扑快速变化。下面是二进制 Trie 电路的具体设计代码,可以参考注释分析其具体功能。

```verilog
`timescale 1ns/100ps
module binary_trie(
input                   clk,
input                   rstn,
input      [63:0]       lpm_default,
input      [31:0]       lpm_ip_din,              //目的 IP 地址
input      [63:0]       lpm_result_in,
input      [5:0]        lpm_mask_len,
```

```
input                    lpm_req,                      //查找、添加、删除操作请求信号
input                    lpm_add,                      //路由表项添加请求
input                    lpm_del,                      //路由表项删除请求
output   reg             lpm_ack,                      //查找、添加、删除操作应答信号
output   reg   [63:0]    lpm_result_out
);
parameter       IDLE                            = 0,
                LPM1                            = 1,
                LPM2_LR_S_ONE                   = 2,
                LPM2_LR_S_ZERO                  = 3,
                LPM3                            = 4,
                LPM4                            = 5,
                LPM5                            = 6,
                ADD1                            = 7,
                ADD2_S_ZERO_NOT_LAST_NODE       = 8,
                ADD2_S_ZERO_NOT_LAST_NODE_1     = 9,
                ADD2_S_ZERO_LAST_NODE           = 10,
                ADD2_S_ZERO_LAST_NODE_1         = 11,
                ADD2_S_ONE_NOT_LAST_NODE        = 12,
                ADD2_S_ONE_LAST_NODE            = 13,
                DEL1                            = 14,
                DEL2_NOT_LAST_NODE              = 15,
                DEL2_LAST_NODE                  = 16,
                DEL3                            = 17,
                DEL4_LR_S_ALL_ZERO              = 18,
                DEL4_LR_S_NOT_ALL_ZERO          = 19,
                DEL5                            = 20,
                DEL6                            = 21,
                DEL7                            = 22,
                DEL8                            = 23,
                DEL9                            = 24,
                DEL10_1                         = 25,
                DEL10_2                         = 26,
                MEM_INIT                        = 27;

reg             init;
reg             trie_node_ram_wr;
reg   [15:0]    trie_node_ram_addr;
wire  [47:0]    trie_node_ram_dout;
reg   [47:0]    trie_node_ram_din;
reg             lpm_result_ram_wr;
reg   [10:0]    lpm_result_ram_addr;
reg   [63:0]    lpm_result_ram_din;
wire  [63:0]    lpm_result_ram_dout;
reg   [15:0]    trie_node_ptr_fifo_din;
reg             trie_node_ptr_fifo_wr;
reg             trie_node_ptr_fifo_rd;
wire  [15:0]    trie_node_ptr_fifo_dout;
wire            trie_node_ptr_fifo_empty;
wire  [13:0]    trie_node_ptr_fifo_cnt;
reg             trie_node_ptr_fifo_bp;
reg   [15:0]    lpm_result_ptr_fifo_din;
reg             lpm_result_ptr_fifo_wr;
reg             lpm_result_ptr_fifo_rd;
```

```verilog
wire      [15:0]  lpm_result_ptr_fifo_dout;
wire              lpm_result_ptr_fifo_empty;
wire      [11:0]  lpm_result_ptr_fifo_cnt;
//由于 IP 地址前缀长度最大值为 32,因此当 trie_node_ptr_fifo_cnt 小于 32 时,可能无法完成表项
//添加,此时反压信号值为 1,表示节点缓冲区剩余空间不足,无法完成表项添加操作
always @(posedge clk) begin
    if(trie_node_ptr_fifo_cnt < 32) trie_node_ptr_fifo_bp <= #2 1;
    else trie_node_ptr_fifo_bp <= #2 0;
    end
reg       [5:0]   mask_len;
// ======================================
//下面的代码进行待匹配比特选择
// ======================================
reg           lpm_ip_bit;
wire [15:0]   left_son;
wire [15:0]   right_son;
reg  [4:0]    lpm_ip_bit_index;
assign right_son[15:0] = trie_node_ram_dout[31:16];
reg  [4:0]    lpm_ip_bit_index_latch;
reg  [5:0]    mask_len_latch;
reg  [15:0]   sram_addr_latch;
always @(lpm_ip_bit_index or lpm_ip_din)
    begin
        case(lpm_ip_bit_index[4:0])
        31:lpm_ip_bit = lpm_ip_din[31];
        30:lpm_ip_bit = lpm_ip_din[30];
        29:lpm_ip_bit = lpm_ip_din[29];
        28:lpm_ip_bit = lpm_ip_din[28];
        27:lpm_ip_bit = lpm_ip_din[27];
        26:lpm_ip_bit = lpm_ip_din[26];
        25:lpm_ip_bit = lpm_ip_din[25];
        24:lpm_ip_bit = lpm_ip_din[24];
        23:lpm_ip_bit = lpm_ip_din[23];
        22:lpm_ip_bit = lpm_ip_din[22];
        21:lpm_ip_bit = lpm_ip_din[21];
        20:lpm_ip_bit = lpm_ip_din[20];
        19:lpm_ip_bit = lpm_ip_din[19];
        18:lpm_ip_bit = lpm_ip_din[18];
        17:lpm_ip_bit = lpm_ip_din[17];
        16:lpm_ip_bit = lpm_ip_din[16];
        15:lpm_ip_bit = lpm_ip_din[15];
        14:lpm_ip_bit = lpm_ip_din[14];
        13:lpm_ip_bit = lpm_ip_din[13];
        12:lpm_ip_bit = lpm_ip_din[12];
        11:lpm_ip_bit = lpm_ip_din[11];
        10:lpm_ip_bit = lpm_ip_din[10];
        9:lpm_ip_bit = lpm_ip_din[9];
        8:lpm_ip_bit = lpm_ip_din[8];
        7:lpm_ip_bit = lpm_ip_din[7];
        6:lpm_ip_bit = lpm_ip_din[6];
        5:lpm_ip_bit = lpm_ip_din[5];
        4:lpm_ip_bit = lpm_ip_din[4];
        3:lpm_ip_bit = lpm_ip_din[3];
        2:lpm_ip_bit = lpm_ip_din[2];
```

```verilog
        1:lpm_ip_bit = lpm_ip_din[1];
        0:lpm_ip_bit = lpm_ip_din[0];
        endcase
        end
```

// ==
//下面是实现表项添加、表项删除和表项匹配操作的主状态机
// ==

```verilog
reg  [4:0]   mstate;
wire         left_son_zero;
wire         right_son_zero;
reg  [15:0]  lpm_result_addr;
wire         last_node;
assign   last_node = (mask_len == lpm_mask_len)?1:0;
always @ (posedge clk or negedge rstn)
    if(!rstn) begin
        init <= #2 1;
        lpm_ip_bit_index <= #2 31;
        mstate <= #2 0;
        trie_node_ram_wr <= #2 0;
        trie_node_ram_din <= #2 0;
        trie_node_ptr_fifo_din <= #2 0;
        trie_node_ptr_fifo_wr <= #2 0;
        trie_node_ptr_fifo_rd <= #2 0;
        lpm_result_ram_addr[10:0]  <= #2 0;
        lpm_result_ram_wr         <= #2 0;
        mask_len                  <= #2 0;
        trie_node_ptr_fifo_din    <= #2 0;
        trie_node_ptr_fifo_wr     <= #2 0;
        trie_node_ptr_fifo_rd     <= #2 0;
        lpm_result_ptr_fifo_din   <= #2 0;
        lpm_result_ptr_fifo_wr    <= #2 0;
        lpm_result_ptr_fifo_rd    <= #2 0;
        lpm_ip_bit_index_latch    <= #2 0;
        mask_len_latch            <= #2 0;
        sram_addr_latch           <= #2 0;
        lpm_result_out            <= #2 0;
        lpm_ack                   <= #2 0;
        end
    else begin
        trie_node_ram_wr          <= #2 0;
        lpm_result_ram_wr         <= #2 0;
        trie_node_ptr_fifo_rd     <= #2 0;
        trie_node_ptr_fifo_wr     <= #2 0;
        lpm_result_ptr_fifo_wr    <= #2 0;
        lpm_result_ptr_fifo_rd    <= #2 0;
        lpm_ack                   <= #2 0;
        //lpm_result_addr 始终记录最后一个实节点的匹配结果
        if(trie_node_ram_dout[15:0]!= 0)
            lpm_result_addr[15:0]<= #2 trie_node_ram_dout[15:0];
        case(mstate)
        IDLE:begin
            lpm_result_addr[15:0]  <= #2 16'b0;
            lpm_ip_bit_index       <= #2 31;
            trie_node_ram_addr     <= #2 0;
```

```verilog
        mask_len                    <= #2 1;
        if(init) begin
            trie_node_ram_wr            <= #2 1;
            trie_node_ram_addr          <= #2 0;
            trie_node_ram_din[47:0]     <= #2 0;
            lpm_result_ram_wr           <= #2 1;
            lpm_result_ram_addr[10:0]   <= #2 0;
            lpm_result_ram_din[63:0]    <= #2 0;
            trie_node_ptr_fifo_din      <= #2 0;
            trie_node_ptr_fifo_wr       <= #2 0;
            lpm_result_ptr_fifo_din     <= #2 0;
            lpm_result_ptr_fifo_wr      <= #2 0;
            mstate                      <= #2 MEM_INIT;
            end
        else begin
            //注意,进行表项添加或删除操作时,lpm_req 和 lpm_add 或 lpm_del 都需要有效,
            //进行匹配操作时,仅需 lpm_req 有效。此外,进行添加操作时,可能因为内部存
            //储资源不足,造成添加失败,此时仍然用 lpm_ack 予以应答,设计者可以在电路
            //中增加一个 lpm_nak 信号,对表项添加失败进行应答
            case({lpm_req,lpm_add,lpm_del})
            3'b100: mstate <= #2 LPM1;
            3'b110: if(!trie_node_ptr_fifo_bp & !lpm_result_ptr_fifo_empty)
                            mstate <= #2 ADD1;
                else begin
                    mstate    <= #2 ADD2_S_ZERO_LAST_NODE_1;
                    lpm_ack <= #2 1;
                    end
            3'b101: begin
                lpm_ip_bit_index_latch <= #2 31;
                mask_len_latch        <= #2 1;
                sram_addr_latch       <= #2 0;
                mstate                <= #2 DEL1;
                end
            default:mstate <= #2 IDLE;
            endcase
            end
        end
// ================================================================
//下面是与最长前缀匹配相关的状态
// ================================================================
LPM1:begin
    if(!lpm_ip_bit) begin          //当前待匹配比特为 0 时进入此分支
        if(left_son_zero) begin
            mstate <= #2 LPM2_LR_S_ZERO;
            end
        else begin
            trie_node_ram_addr <= #2 left_son;
            lpm_ip_bit_index <= #2 lpm_ip_bit_index - 1;
            mask_len <= #2 mask_len + 1;
            mstate <= #2 LPM2_LR_S_ONE;
            end
        end
    else begin                      //当前待匹配比特为 1 时进入此分支
```

```
                    if(right_son_zero) begin
                        mstate <= #2 LPM2_LR_S_ZERO;
                        end
                    else begin
                        trie_node_ram_addr <= #2 right_son;
                        lpm_ip_bit_index <= #2 lpm_ip_bit_index - 1;
                        mask_len <= #2 mask_len + 1;
                        mstate <= #2 LPM2_LR_S_ONE;
                        end
                    end
            end
LPM2_LR_S_ONE: mstate <= #2 LPM1;
LPM2_LR_S_ZERO: begin
        if(lpm_result_addr[10:0]) begin
            lpm_result_ram_addr <= #2 lpm_result_addr[10:0];
            mstate <= #2 LPM3;
            end
        else begin
            lpm_ack <= #2 1;
            lpm_result_out <= #2 lpm_default[63:0];
            mstate <= #2 LPM5;
            end
        end
LPM3:mstate <= #2 LPM4;
LPM4:begin
        lpm_ack <= #2 1;
        lpm_result_out <= #2 lpm_result_ram_dout[63:0];
        mstate <= #2 LPM5;
        end
LPM5:begin
        lpm_ack <= #2 0;
        mstate <= #2 IDLE;
        end
// ============================================================
//下面是实现表项添加操作的状态机
// ============================================================
ADD1:begin
        if(!last_node) begin
            mask_len <= #2 mask_len + 1;
            lpm_ip_bit_index <= #2 lpm_ip_bit_index - 1;
            end
        //如果待匹配比特为0,进行如下操作
        if(!lpm_ip_bit) begin
            if(left_son_zero) begin
                trie_node_ram_wr <= #2 1;
                trie_node_ram_din <= #2 {trie_node_ptr_fifo_dout[15:0],
                                    trie_node_ram_dout[31:0]};
                trie_node_ptr_fifo_rd <= #2 1;
                if(!last_node) mstate <= #2 ADD2_S_ZERO_NOT_LAST_NODE;
                else           mstate <= #2 ADD2_S_ZERO_LAST_NODE;
                end
            else begin
                trie_node_ram_addr <= #2 left_son;
                if(!last_node) mstate <= #2 ADD2_S_ONE_NOT_LAST_NODE ;
```

```
                    else              mstate <= #2 ADD2_S_ONE_LAST_NODE ;
                    end
              end
          //如果待匹配比特为1,进行如下操作
          else begin
              if(right_son_zero) begin
                  trie_node_ram_wr <= #2 1;
                  trie_node_ram_din <= #2 {   trie_node_ram_dout[47:31],
                                              trie_node_ptr_fifo_dout[15:0],
                                              trie_node_ram_dout[15:0]
                                              };
                  trie_node_ptr_fifo_rd <= #2 1;
                  if(!last_node) mstate  <= #2 ADD2_S_ZERO_NOT_LAST_NODE;
                  else           mstate  <= #2 ADD2_S_ZERO_LAST_NODE;
                  end
              else begin
                  trie_node_ram_addr <= #2 right_son;
                  if(!last_node) mstate <= #2 ADD2_S_ONE_NOT_LAST_NODE;
                  else           mstate <= #2 ADD2_S_ONE_LAST_NODE;
                  end
              end
          end
// ================================================================
//继续进行匹配操作
// ================================================================
ADD2_S_ONE_NOT_LAST_NODE: begin
    mstate <= #2 ADD1;
    end
// ================================================================
//添加新的分支,当前节点不是最后一个节点
// ================================================================
ADD2_S_ZERO_NOT_LAST_NODE: begin
    trie_node_ram_addr      <= #2 trie_node_ptr_fifo_dout[13:0];
    mstate           <= #2 ADD2_S_ZERO_NOT_LAST_NODE_1;
    end
ADD2_S_ZERO_NOT_LAST_NODE_1:
    mstate <= #2 ADD1;
// ==============================
//处理最后一个节点
// ==============================
// 添加一个新的节点
ADD2_S_ZERO_LAST_NODE:begin
    trie_node_ram_wr <= #2 1;
    trie_node_ram_din <= #2 {32'b0,lpm_result_ptr_fifo_dout[15:0]};
    trie_node_ram_addr <= #2 trie_node_ptr_fifo_dout[13:0];
    lpm_result_ptr_fifo_rd <= #2 1;
    lpm_result_ram_wr            <= #2 1;
    lpm_result_ram_addr[10:0]   <= #2 lpm_result_ptr_fifo_dout[10:0];
    lpm_result_ram_din[63:0]    <= #2 lpm_result_in;
    lpm_ack            <= #2 1;
    mstate <= #2 ADD2_S_ZERO_LAST_NODE_1;
    end
//更新已经存在的节点
ADD2_S_ONE_LAST_NODE:begin
```

```
            trie_node_ram_wr <= #2 1;
            trie_node_ram_din <= #2 { trie_node_ram_dout[47:16],
                                       lpm_result_ptr_fifo_dout[15:0]};
            lpm_result_ptr_fifo_rd <= #2 1;
            lpm_result_ram_wr          <= #2 1;
            lpm_result_ram_addr[10:0]  <= #2 lpm_result_ptr_fifo_dout[10:0];
            lpm_result_ram_din[63:0]   <= #2 lpm_result_in;
            lpm_ack                    <= #2 1;
            mstate <= #2 ADD2_S_ZERO_LAST_NODE_1;
            end
ADD2_S_ZERO_LAST_NODE_1: begin
            lpm_ack <= #2 0;
            mstate <= #2 IDLE;
            end
// ==============================================================
//下面的状态机用于进行表项删除操作
// ==============================================================
DEL1:begin
        if(!last_node) begin
            mask_len <= #2 mask_len + 1;
            lpm_ip_bit_index <= #2 lpm_ip_bit_index - 1;
            if(!lpm_ip_bit)trie_node_ram_addr <= #2 left_son;
            else     trie_node_ram_addr <= #2 right_son;
            mstate <= #2 DEL2_NOT_LAST_NODE;
            end
        else begin
            if(!lpm_ip_bit) trie_node_ram_addr <= #2 left_son;
            else trie_node_ram_addr <= #2 right_son;
            mstate <= #2 DEL2_LAST_NODE;
            end
        //下面的条件语句用于记录表项路径中最后一个实节点或者同时存在两个分支的节
        //点,此节点到本表项对应的叶节点之间的节点是可以删除的
        if((((!left_son_zero & !right_son_zero)|(trie_node_ram_dout[14:0]!== 0))) begin
            lpm_ip_bit_index_latch   <= #2 lpm_ip_bit_index;
            mask_len_latch           <= #2 mask_len;
            sram_addr_latch          <= #2 trie_node_ram_addr;
            end
        end
// ==============================================================
//不是最后一个节点时进行如下操作
// ==============================================================
DEL2_NOT_LAST_NODE: mstate <= #2 DEL1;
// ==============================================================
//是最后一个节点时进行如下操作
// ==============================================================
DEL2_LAST_NODE: mstate <= #2 DEL3;
// ==============================================================
//下面的代码更新或删除一个叶子节点
// ==============================================================
DEL3: begin
        trie_node_ram_din            <= #2 {trie_node_ram_dout[47:16],16'b0};
        trie_node_ram_wr             <= #2 1;
        lpm_result_ptr_fifo_din      <= #2 trie_node_ram_dout[15:0];
        lpm_result_ptr_fifo_wr       <= #2 1;
```

```
        lpm_result_ram_wr            <= #2 1'b1;
        lpm_result_ram_addr[10:0]    <= #2 trie_node_ram_dout[10:0];
        lpm_result_ram_din[63:0]     <= #2 64'b0;
        //如果当前节点没有后级节点,即其为一个叶节点,需要删除此节点和仅与该表项相关
        //的中间节点
        if(left_son_zero & right_son_zero) begin
            //释放当前节点存储区
            trie_node_ptr_fifo_din   <= #2 trie_node_ram_addr;
            trie_node_ptr_fifo_wr    <= #2 1;
            mstate                   <= #2 DEL4_LR_S_ALL_ZERO;
            end
        //如果当前节点有后级节点,即其为一个中间节点,需要删除此节点对应匹配结果,其
        //他不变
        else begin        //更新最后一个节点并返回
            lpm_ack <= #2 1;
            mstate <= #2 DEL4_LR_S_NOT_ALL_ZERO;
            end
        end
    // ================================================================
    //下面的状态机用于删除表项对应的可删除节点
    //lpm_ip_bit_index_latch,mask_len_latch 和 sram_addr_latch 记录了可删除二叉树分支
    //的起始位置,从相应位置开始进行节点删除
    // ================================================================
    DEL4_LR_S_ALL_ZERO:begin
        lpm_ip_bit_index   <= #2 lpm_ip_bit_index_latch;
        mask_len           <= #2 mask_len_latch;
        trie_node_ram_addr <= #2 sram_addr_latch;
        mstate <= #2 DEL5 ;
        end
    DEL5: mstate <= #2 DEL6 ;
    DEL6: begin
        //可删除分支的起始节点,需要对其进行更新,而非删除用16'b0覆盖指向待删除分支
        //的指针即可
        if(!lpm_ip_bit)begin
            trie_node_ram_din <= #2 {16'b0, trie_node_ram_dout[31:0]};
            trie_node_ram_wr <= #2 1;
            end
        else begin
            trie_node_ram_din <= #2 {   trie_node_ram_dout[47:32],
                                        16'b0,
                                        trie_node_ram_dout[15:0]};
            trie_node_ram_wr <= #2 1;
            end
        mstate <= #2 DEL7 ;
        end
    // ================================================================
    //读出需要删除的节点
    // ================================================================
    DEL7: begin
        //判断当前节点是否为最后一个待删除节点,如果就是最后一个节点,则完成当前操作
        if (mask_len == lpm_mask_len)begin
            lpm_ack <= #2 1;
            mstate <= #2 DEL4_LR_S_NOT_ALL_ZERO;
            end
```

```
                //如果 DEL6 修改的节点不是最后一个待删除节点,则继续读取后续节点,进行删除操作
        else begin
            if(!lpm_ip_bit) trie_node_ram_addr <= #2 trie_node_ram_dout[47:32];
            else    trie_node_ram_addr <= #2 trie_node_ram_dout[31:16];
            mask_len              <= #2 mask_len + 1;
            lpm_ip_bit_index      <= #2 lpm_ip_bit_index - 1;
            mstate                <= #2 DEL8;
            end
    end
DEL8:begin
    trie_node_ram_din          <= #2 48'b0;
    trie_node_ram_wr           <= #2 1;
    mstate                     <= #2 DEL9 ;
    end
DEL9:begin
    //将当前删除的节点地址写入 trie_node_ptr_fifo,供后续节点添加使用
    trie_node_ptr_fifo_din <= #2 trie_node_ram_addr;
    trie_node_ptr_fifo_wr  <= #2 1;
    //判断当前节点是否为最后一个待删除节点,如果不是,继续读出后续节点,进行重复
    //判断和操作
    if(!lpm_ip_bit) trie_node_ram_addr <= #2 trie_node_ram_dout[47:32];
    else            trie_node_ram_addr <= #2 trie_node_ram_dout[31:16];
    if(mask_len < lpm_mask_len) begin
        mask_len              <= #2 mask_len + 1;
        lpm_ip_bit_index      <= #2 lpm_ip_bit_index - 1;
        Mstate                <= #2 DEL10_1 ;
        end
    else begin
        lpm_ack  <= #2 1;
        mstate   <= #2 DEL10_2 ;
        end
    end
DEL10_1: begin
    trie_node_ram_din          <= #2 48'b0;
    trie_node_ram_wr           <= #2 1;
    mstate                     <= #2 DEL9;
    end
DEL10_2: begin
    lpm_ack        <= #2 0;
    mstate         <= #2 IDLE;
    end
DEL4_LR_S_NOT_ALL_ZERO: begin
    lpm_ack        <= #2 0;
    mstate         <= #2 IDLE;
    end
// ==============================================================
// 对电路内部的缓冲区进行初始化
// ==============================================================
MEM_INIT:begin
    if(trie_node_ram_addr < 8191) begin
        trie_node_ram_addr <= #2 trie_node_ram_addr + 1;
        trie_node_ram_din <= #2 0;
        trie_node_ram_wr <= #2 1;
        trie_node_ptr_fifo_din <= #2 trie_node_ram_addr + 1;
```

```
                        trie_node_ptr_fifo_wr <= #2 1;
                        if(lpm_result_ram_addr < 2047) begin
                            lpm_result_ram_addr[10:0] <= #2 trie_node_ram_addr[10:0] + 16'b1;
                            lpm_result_ram_din[63:0] <= #2 0;
                            lpm_result_ram_wr        <= #2 1;
                            lpm_result_ptr_fifo_din <= #2 {5'b0, trie_node_ram_addr[10:0]} + 16'b1;
                            lpm_result_ptr_fifo_wr <= #2 1;
                            end
                        else begin
                            lpm_result_ram_wr        <= #2 0;
                            lpm_result_ptr_fifo_din  <= #2 {5'b0, trie_node_ram_addr[10:0]} + 16'b1;
                            lpm_result_ptr_fifo_wr   <= #2 0;
                            end
                        end
                    else begin
                        trie_node_ram_addr    <= #2 0;
                        trie_node_ram_wr      <= #2 0;
                        trie_node_ptr_fifo_wr <= #2 0;
                        init <= #2 0;
                        mstate <= #2 IDLE;
                        end
                    end
                endcase
                end
assign left_son[15:0]  = trie_node_ram_dout[47:32];
assign left_son_zero = (left_son == 0)?1:0;
assign right_son[15:0] = trie_node_ram_dout[31:16];
assign right_son_zero = (right_son == 0)?1:0;
// ================================================================
//trie_sram 用于存储 Trie 节点,包括 left_son、right_son 和 lpm_ip_bit_index_result,即匹配结
//果索引,以其为地址,读 ip_sram,可以得到最终匹配结果
// ================================================================
sram_w48_d8k u_trie_sram (
  .clka(clk),
  .wea(trie_node_ram_wr),
  .addra(trie_node_ram_addr[12:0]),
  .dina(trie_node_ram_din[47:0]),
  .douta(trie_node_ram_dout[47:0]));
//下面三个信号是为了便于仿真分析加入的内部信号
wire [15:0]   left_son_in;
wire [15:0]   right_son_in;
wire [15:0]   ip_index_in;
assign   left_son_in = trie_node_ram_din[47:32];
assign   right_son_in = trie_node_ram_din[31:16];
assign   ip_index_in = trie_node_ram_din[15:0];
// ================================================================
//ip_sram 用于存储每个 lpm_ip_bit_index 对应的匹配结果
// ================================================================
sram_w64_d2k u_ip_sram (
  .clka(clk),
  .wea(lpm_result_ram_wr),
  .addra(lpm_result_ram_addr[10:0]),
  .dina(lpm_result_ram_din[63:0]),
  .douta(lpm_result_ram_dout[63:0]));
```

```
// ================================================================
//此 FIFO 用于存储 trie_sram 中可用节点存储空间地址,其深度与 trie_sram 相同,此处均为 8K,初
//始化时,写入 0～8191,建立二叉树时,每增加一个节点,读出一个指针,删除二叉树上的节点时,归
//还(写入)相应节点的指针
// ================================================================
sfifo_ft_w16_d8k u_ptr_fifo (
  .clk(clk),                              // input clk
  .srst(!rstn),                           // input rst
  .din(trie_node_ptr_fifo_din),           // input [15 : 0] din
  .wr_en(trie_node_ptr_fifo_wr),          // input wr_en
  .rd_en(trie_node_ptr_fifo_rd),          // input rd_en
  .dout(trie_node_ptr_fifo_dout),         // output [15 : 0] dout
  .full(),                                // output full
  .empty(trie_node_ptr_fifo_empty),       // output empty
  .data_count(trie_node_ptr_fifo_cnt)     // output [13 : 0] data_count
);
// ================================================================
//存储 ip_sram 地址的 FIFO,ip_sram 存储匹配结果,添加路由时,该路由表项对应的 Trie 实节点的
//低 16 位存储的是从此 FIFO 中读出的索引值,以索引值为地址,将匹配结果写入 ip_sram。删除节
//点后,相应索引值应归还
// ================================================================
sfifo_ft_w16_d2k u_index_fifo (
  .clk(clk),                              // input clk
  .srst(!rstn),                           // input rst
  .din(lpm_result_ptr_fifo_din),          // input [15 : 0] din
  .wr_en(lpm_result_ptr_fifo_wr),         // input wr_en
  .rd_en(lpm_result_ptr_fifo_rd),         // input rd_en
  .dout(lpm_result_ptr_fifo_dout),        // output [15 : 0] dout
  .full(),                                // output full
  .empty(lpm_result_ptr_fifo_empty),      // output empty
  .data_count(lpm_result_ptr_fifo_cnt)    // output [11 : 0] data_count
);
// ================================================================
//下面的代码用于对仿真波形进行分析。当状态机较为复杂时,针对每个状态设置一个对应的信号,
//当该信号为 1 时,说明电路进入了相应状态,便于进行波形分析
// ================================================================
wire wire_IDLE                          ;
wire wire_LPM1                          ;
wire wire_LPM2_LR_S_ONE                 ;
wire wire_LPM2_LR_S_ZERO                ;
wire wire_LPM3                          ;
wire wire_LPM4                          ;
wire wire_LPM5                          ;
wire wire_ADD1                          ;
wire wire_ADD2_S_ZERO_NOT_LAST_NODE     ;
wire wire_ADD2_S_ZERO_NOT_LAST_NODE_1   ;
wire wire_ADD2_S_ZERO_LAST_NODE         ;
wire wire_ADD2_S_ZERO_LAST_NODE_1       ;
wire wire_ADD2_S_ONE_NOT_LAST_NODE      ;
wire wire_ADD2_S_ONE_LAST_NODE          ;
wire wire_DEL1                          ;
```

```
wire wire_DEL2_NOT_LAST_NODE                  ;
wire wire_DEL2_LAST_NODE                      ;
wire wire_DEL3                                ;
wire wire_DEL4_LR_S_ALL_ZERO                  ;
wire wire_DEL4_LR_S_NOT_ALL_ZERO              ;
wire wire_DEL5                                ;
wire wire_DEL6                                ;
wire wire_DEL7                                ;
wire wire_DEL8                                ;
wire wire_DEL9                                ;
wire wire_DEL10_1                             ;
wire wire_DEL10_2                             ;
wire wire_MEM_INIT                            ;
assign  wire_IDLE                       = (mstate == 0)?1:0 ;
assign  wire_LPM1                       = (mstate == 1)?1:0 ;
assign  wire_LPM2_LR_S_ONE              = (mstate == 2)?1:0 ;
assign  wire_LPM2_LR_S_ZERO             = (mstate == 3)?1:0 ;
assign  wire_LPM3                       = (mstate == 4)?1:0 ;
assign  wire_LPM4                       = (mstate == 5)?1:0 ;
assign  wire_LPM5                       = (mstate == 6)?1:0 ;
assign  wire_ADD1                       = (mstate == 7)?1:0 ;
assign  wire_ADD2_S_ZERO_NOT_LAST_NODE   = (mstate == 8)?1:0 ;
assign  wire_ADD2_S_ZERO_NOT_LAST_NODE_1 = (mstate == 9)?1:0 ;
assign  wire_ADD2_S_ZERO_LAST_NODE      = (mstate == 10)?1:0;
assign  wire_ADD2_S_ZERO_LAST_NODE_1    = (mstate == 11)?1:0;
assign  wire_ADD2_S_ONE_NOT_LAST_NODE   = (mstate == 12)?1:0;
assign  wire_ADD2_S_ONE_LAST_NODE       = (mstate == 13)?1:0;
assign  wire_DEL1                       = (mstate == 14)?1:0;
assign  wire_DEL2_NOT_LAST_NODE         = (mstate == 15)?1:0;
assign  wire_DEL2_LAST_NODE             = (mstate == 16)?1:0;
assign  wire_DEL3                       = (mstate == 17)?1:0;
assign  wire_DEL4_LR_S_ALL_ZERO         = (mstate == 18)?1:0;
assign  wire_DEL4_LR_S_NOT_ALL_ZERO     = (mstate == 19)?1:0;
assign  wire_DEL5                       = (mstate == 20)?1:0;
assign  wire_DEL6                       = (mstate == 21)?1:0;
assign  wire_DEL7                       = (mstate == 22)?1:0;
assign  wire_DEL8                       = (mstate == 23)?1:0;
assign  wire_DEL9                       = (mstate == 24)?1:0;
assign  wire_DEL10_1                    = (mstate == 25)?1:0;
assign  wire_DEL10_2                    = (mstate == 26)?1:0;
assign  wire_MEM_INIT                   = (mstate == 27)?1:0;
endmodule
```

分析上面代码时,需要注意以下几点:

(1) 需要先对二叉树表项添加、表项删除和匹配操作算法原理进行分析和理解,电路的设计代码与算法原理是严格对应的,可以对照算法原理中的例子分析代码。

(2) 此处没有给出状态跳转图,可以自行绘制,从整体上把握电路的设计思路,然后对设计细节进行分析。

(3) 注意电路中组合逻辑和时序逻辑之间的配合关系。

(4) 为了便于直观地在仿真波形中观察当前状态以及状态跳转关系,在设计代码的最后增加了部分代码,直接显示状态机所处状态。

下面是电路的仿真代码。

```verilog
`timescale 1ns/100ps
module btrie_test_tb();
reg             clk;
reg             rstn;
reg     [31:0]  lpm_ip_din;
reg     [63:0]  lpm_result_in;
reg     [5:0]   lpm_mask_len;
reg             lpm_req;
reg             lpm_add;
reg             lpm_del;
wire            lpm_ack;
wire    [63:0]  lpm_result_out;
reg     [63:0]  lpm_default;
always #5 clk = ~clk;
initial begin
    clk = 0;
    rstn = 0;
    lpm_ip_din = 0;
    lpm_result_in = 0;
    lpm_mask_len = 0;
    lpm_req = 0;
    lpm_add = 0;
    lpm_del = 0;
    lpm_default = 64'h2021222324252627;
    #100;
    rstn = 1;
    #90000;                  //等待被测试电路完成初始化
    //sim1,仿真项1,添加路由表项,进行匹配测试
    add_entry(64'h0102030405060708,32'hd1_00_00_00,8);
    #50;
    match(32'hd1a8010a);
    #50;
    match(32'hd2a8010a);
    //sim2: 仿真项2,持续添加路由表项,进行最长前缀匹配
    //add_entry(64'h0102030405060708,32'hd1_00_00_00,8);
    //#50;
    //add_entry(64'h1112331415161718,32'hd1_a8_00_00,16);
    //#50;
    //match(32'hd1a8010a);
    //#1000;
    //sim3: 仿真项3,添加路由表项后删除路由表项,进行最长前缀匹配
    //add_entry(64'h0102030405060708,32'hd1_00_00_00,8);
    //#50;
    //add_entry(64'h1112331415161718,32'hd1_a8_00_00,16);
    //#50;
    //del_entry(32'hd1_a8_00_00,16);
    //#50;
    //match(32'hd1a8010a);
    end
task add_entry;
input   [63:0]  next_hop_mac_port;
input   [31:0]  ip_address;
```

```verilog
input  [5:0]  prefix_len;
begin
    repeat(1)@(posedge clk);
    #2;
    lpm_ip_din = ip_address;
    lpm_result_in = next_hop_mac_port;
    lpm_mask_len = prefix_len;
    lpm_req = 1;
    lpm_add = 1;
    while(!lpm_ack) repeat(1)@(posedge clk);
    #2;
    lpm_req = 0;
    lpm_add = 0;
    end
endtask
task del_entry;
input  [31:0]  ip_address;
input  [5:0]  prefix_len;
begin
    repeat(1)@(posedge clk);
    #2;
    lpm_ip_din = ip_address;
    lpm_mask_len = prefix_len;
    lpm_req = 1;
    lpm_del = 1;
    while(!lpm_ack) repeat(1)@(posedge clk);
    #2;
    lpm_req = 0;
    lpm_del = 0;
    end
endtask
task match;
input  [31:0]  ip_address;
begin
    repeat(1)@(posedge clk);
    #2;
    lpm_ip_din = ip_address;
    lpm_req = 1;
    while(!lpm_ack) repeat(1)@(posedge clk);
    #2;
    lpm_req = 0;
    end
endtask
binary_trie u1(
.clk          (clk          ),
.rstn         (rstn         ),
.lpm_default  (lpm_default  ),
.lpm_ip_din   (lpm_ip_din   ),
.lpm_result_in(lpm_result_in),
.lpm_mask_len (lpm_mask_len ),
.lpm_req      (lpm_req      ),
.lpm_add      (lpm_add      ),
.lpm_del      (lpm_del      ),
.lpm_ack      (lpm_ack      ),
```

```
.lpm_result_out(lpm_result_out  )
);
endmodule
```

图 2-12 是执行 testbench 中 sim1 得到的仿真波形。相关代码如下：

```
add_entry(64'h0102030405060708,32'hd1_00_00_00,8);
#50;
match(32'hd1a8010a);
#50;
match(32'hd2a8010a);
```

其写入了一个表项，前缀长度为 8，然后进行第一次匹配操作，得到了正确的匹配结果。进行第二次匹配操作时，没有实现匹配，输出的是默认匹配结果 lpm_default，此时默认值为 64'h2021222324252627。

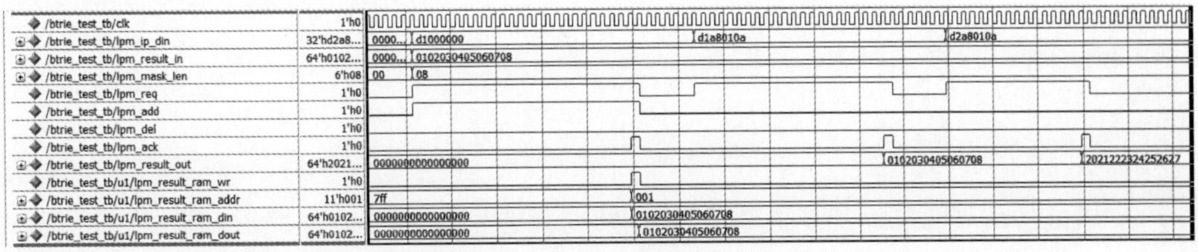

图 2-12 testbench 中 sim1 仿真波形

图 2-13 为建立二叉树过程中节点存储器（u_trie_sram）、匹配结果存储器（u_ip_sram）、二叉树节点指针 FIFO（ptr_fifo）和匹配结果存储器指针 FIFO（index_fifo）的仿真波形。

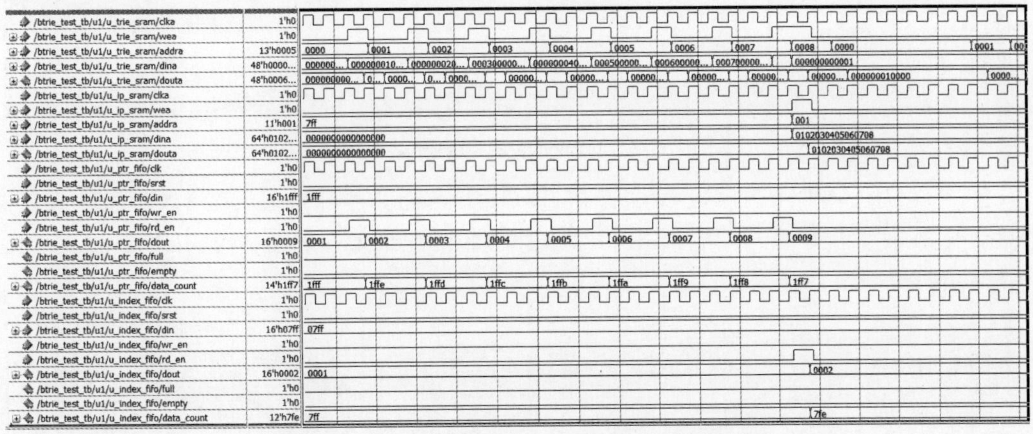

图 2-13 二叉树建立过程中内部缓冲区仿真波形

图 2-14 是 testbench 中 sim2 对应的仿真波形，下面是具体代码。

```
//sim2
add_entry(64'h0102030405060708,32'hd1_00_00_00,8);
#50;
add_entry(64'h1112331415161718,32'hd1_a8_00_00,16);
#50;
match(32'hd1a8010a);
```

可以看出，仿真时共添加了两个表项，前缀长度分别是 8 和 16。进行匹配操作时，根据最长前缀匹配规则,输出了正确的结果。

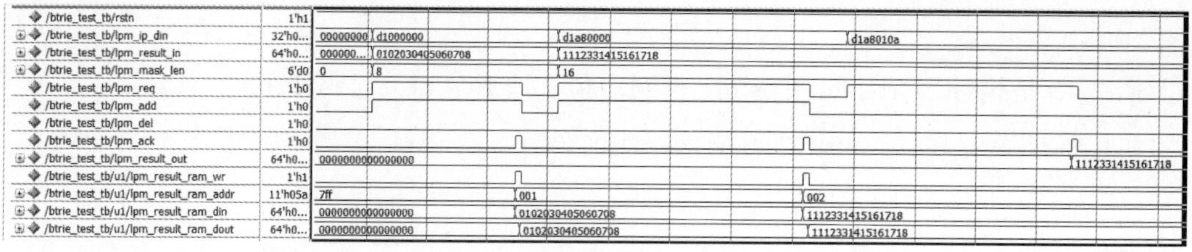

图 2-14　testbench 中 sim2 仿真波形

图 2-15 是 testbench 中 sim3 对应的仿真波形,下面是具体代码。

```
//sim3
add_entry(64'h0102030405060708,32'hd1_00_00_00,8);
#50;
add_entry(64'h1112331415161718,32'hd1_a8_00_00,16);
#50;
del_entry(32'hd1_a8_00_00,8);
#50;
match(32'hd1a8010a);
```

可以看出,仿真时共添加了两个表项,前缀长度分别是 8 和 16。此后,删除了前缀长度为 16 的表项。这时,进行匹配操作,得到前缀长度 8 对应的结果。

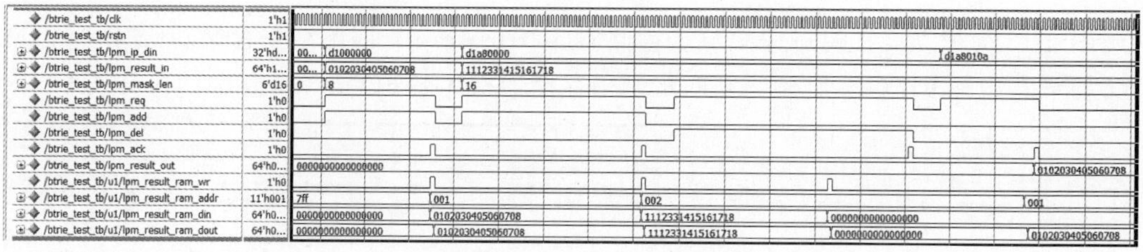

图 2-15　testbench 中 sim3 仿真波形

图 2-16 为添加两个表项,建立二叉树过程中节点存储器(u_trie_sram)、匹配结果存储器(u_ip_sram)、二叉树节点指针 FIFO(ptr_fifo)和匹配结果存储器指针 FIFO(index_fifo)的仿真波形。

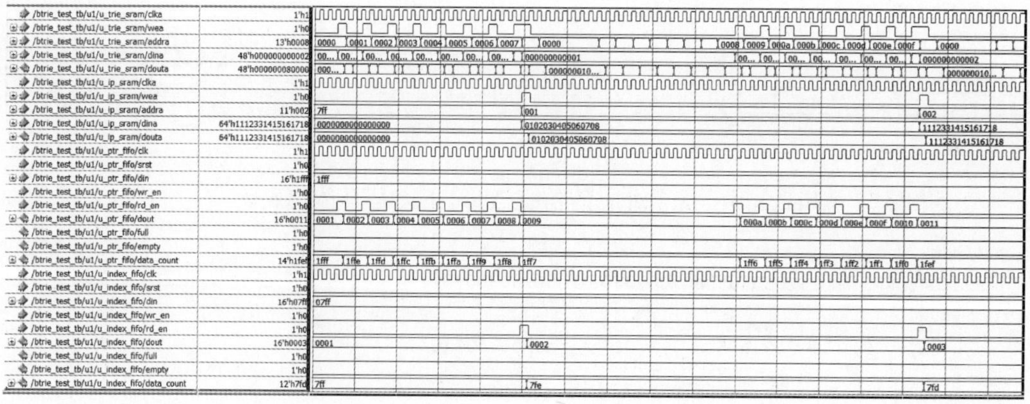

图 2-16　添加两个表项时内部缓冲区仿真波形

对比图 2-17 的表项删除仿真波形,可以看出,添加第二个表项时使用的二叉树节点存储器指针、存储匹配结果的存储器指针都被写入(归还)相应 FIFO 中。

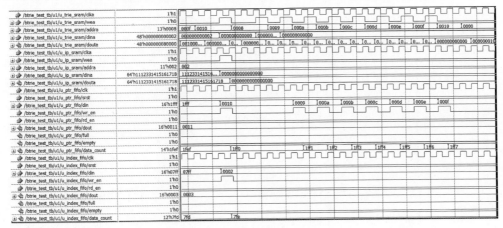

图 2-17　表项删除仿真波形

2.3　路径压缩二叉树算法与电路实现

2.3.1　路径压缩二叉树的生成

路由器根据路由协议建立路由表后,可以根据路由表生成路径压缩二叉树(Compressed Trie,CTrie)的内部存储数据,然后将 CTrie 数据写入 CTrie 查找电路中的节点存储区,供 CTrie 查找电路进行 LPM。在前述的基本二进制 Trie 中,Trie 表项的建立与删除都是通过硬件电路实现的,对于 CTrie,这种操作过于灵活和复杂,不适合硬件实现,此处使用软硬件结合的方式实现。

为了便于分析,这里给出了针对本电路设计的专用测试程序(扫二维码可下载),其可以随机生成一个路由表以及与之对应的 CTrie 节点存储区数据,供本电路仿真分析使用。另外,这里将最大路径压缩比特数限制为 4,也就是说最大可以对 4 个比特进行路径压缩,这种限制更有利于电路实现和数据结构设计。

源代码

测试程序名为 VerifyBinaryTrieSearch.exe,运行该程序后出现如图 2-18 所示的界面。

输入叶子总数,如 10,单击随机测试,界面显示如图 2-19 所示。

上述操作可以生成两个测试文件,一个是 111.txt,如图 2-20 所示,其包括 16 列、104 行,是 CTrie 节点存储区数据;第二个是 222.txt,如图 2-21 所示,其包括 22 行,表示 22 条随机分布的路由表项及其对应的索引。注意,测试程序中输入的叶子总数是 10,实际生成的是 22 个,这是测试程序本身采用的具体算法造成的,以实际结果为准。

在 222.txt 中只包括了路由表的表项索引和对应的子网信息,没有给出匹配结果,用户可以在电路中设置一块独立的缓冲区(RAM),以路由表中各个表项的索引为地址,存储对应的匹配结果,如下一跳 MAC 地址和输出端口号。采用这种方案时,CPU 根据路由表生成转发表的过程中会得到两个表,一个写入实现 LPM 的 CTrie 节点存储区(查找结果为一个索引),另一个写入与每个索引对应的匹配结果。这种方案的好处是用户可以方便地修改匹配结果的具体构成。

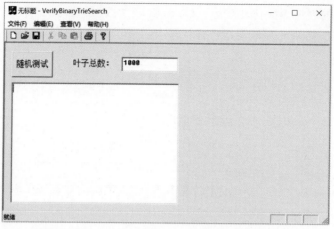

图 2-18　VerifyBinaryTrieSearch 运行后的界面

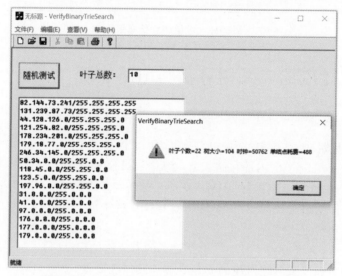

图 2-19　VerifyBinaryTrieSearch 运行后的界面显示

图 2-20　文件 111.txt 的具体内容

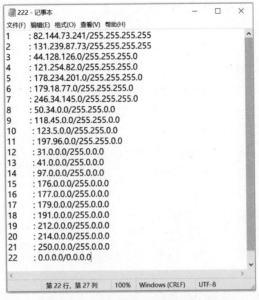

图 2-21　文件 222.txt 的具体内容

上面的例子中，路由表项数为 22，节点存储区深度为 104。增大路由表深度，进行多次随机测试可以看出，节点存储区深度与路由表深度的比例近似为 4∶1，二进制 Trie 经过路径压缩后，资源消耗会得到一定的改善。路由表的深度会直接影响 CTrie 节点存储区的深度，进而直接影响硬件资源的消耗。

CTrie 节点存储区和索引映射表的具体数据结构如图 2-22 所示。在图 2-22 中，节点存储区中的表项内容由左儿子、右儿子、压缩标志位（SF）、路由索引（index）以及自定义扩展字段（可以根据需要进行自定义）构成。当 SF 为 1 时，表示存在路径压缩，此时左儿子并不指向下一个节点，其中高 4 位表示压缩的比特值，低 4 位表示压缩的比特值；右儿子指向下一个节点。当 SF 为 0 时，表示不存在比特压缩，此时左儿子和右儿子分别指向左、右分支上的下一个节点。如果当前待匹配比特为 0，则跳转到左儿子指向的下一个节点，否则跳转到右儿子指向的下一个节点。在此次设计中，路由索引值位宽为 15 比特（实际使用的位宽由索引映射表深度

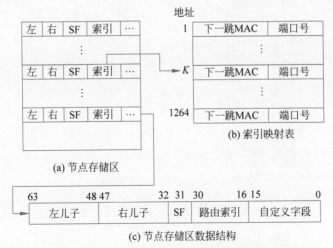

图 2-22　CTrie 节点存储区和索引映射表数据结构

决定),作为索引映射表的地址读取最终的匹配结果。

为了便于理解 CTrie 查找过程,我们用测试程序随机生成表项数为 7 的路由表和表项数为 24 的节点存储区,如图 2-23 所示。对目的 IP 地址 143.128.0.0(0x8f_80_00_00)进行路径压缩 Trie 查找,具体过程如下:

(1) 从 CTrie 的根节点开始查找,即从节点存储区中的第一项开始进行 LPM。首先判断是否存在压缩,即检查 SF 标志位是否为 1,如图可见,地址 0 所存储表项的 SF 值为 0,故不存在压缩。此后,检查当前输入 IP 地址的最高位,由于其为 1,故检查当前节点的右儿子。此时,右儿子为 A(表示下一个节点在节点存储区中的地址为 A),所以下一步将跳转到地址 A 继续检索,同时记录下该节点的路由索引 index(非 0)作为当前 LPM 结果,其中 index 为 7,指向默认路由。

(2) 根据节点存储区地址 A 中存储的具体值可以看出,当前节点对应的路径不存在压缩,由于目的 IP 地址的第 2 比特为 0,故检查左儿子,左儿子指向的下一个分支节点的地址为 B。

(3) 地址 B 中存储的节点不存在压缩,待匹配 IP 地址的第 3 比特为 0,故跳转到左儿子中存储的下一节点地址 C。

(4) 地址 C 中所存储节点也不存在压缩,待匹配 IP 地址的第 4 比特为 0,跳转到左儿子中存储的下一个节点地址 D。

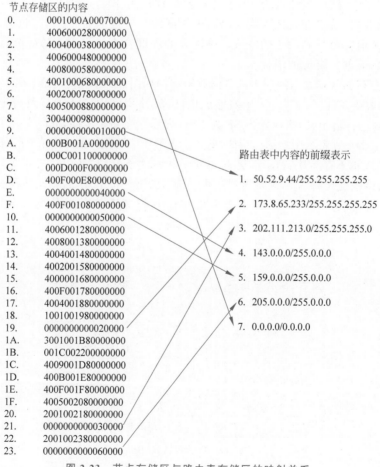

图 2-23　节点存储区与路由表存储区的映射关系

（5）地址 D 中存储的节点存在压缩，从左儿子序号可以看出，压缩的比特数为 4，压缩比特值为 1111，与目的 IP 地址的第 5～8 比特的值相等，此时右儿子指向下一个分支节点的地址 E。

（6）检查地址 E 中存储的节点，发现左儿子和右儿子都为 0，表示已经达到叶子节点，查找过程结束。此时记录下该节点表项的路由索引 4，并将当前 LPM 记录更新为 4。此后，根据该路由索引访问索引映射表，得到最终的匹配结果。

2.3.2 CTrie 查找电路的设计与仿真分析

CTrie 查找电路包括 CTrie 查找管理电路、节点存储区和存储匹配结果的索引映射表三个主要组成部分，如图 2-24 所示。节点存储区用于存放 CTrie 中的节点；索引映射表用于存放匹配结果（此处包括输出端口号和下一跳 MAC 地址）；CTrie 查找管理电路负责对输入的目的 IP 地址，按照 CTrie 算法进行匹配查找，其核心是匹配操作状态机。整个电路包括两个主要接口，即 CTrie 更新和 CTrie 匹配接口。CTrie 更新信号用于对节点存储区和索引映射表中的数据进行更新，具体操作由处理器按需进行。CTrie 建立（更新）后，CTrie 查找管理电路可以对目的 IP 地址进行最长前缀匹配，从节点存储区得到 LPM 结果（图中的 index），根据该索引值访问索引映射表，可得到最终的查找结果，此处为下一跳 MAC 地址和输出端口号。

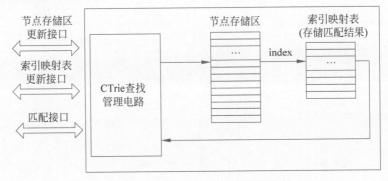

图 2-24 CTrie 查找电路的结构

本节所设计 CTrie 查找电路符号图如图 2-25 所示，端口定义如表 2-3 所示。

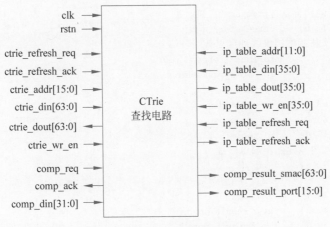

图 2-25 CTrie 查找电路符号图

表 2-3　CTrie 查找电路的端口定义

端 口 名 称	I/O 类型	位宽/比特	含　　义
clk	input	1	时钟
rstn	input	1	复位信号,低电平有效
ctrie_refresh_req	input	1	CTrie 更新请求,高电平有效
ctrie_refresh_ack	output	1	CTrie 更新应答,高电平有效
ctrie_wr_en	input	1	CTrie 写入使能信号,高电平有效
ctrie_addr	input	16	CTrie 节点存储区地址
ctrie_din	input	64	CTrie 节点存储区数据输入
ctrie_dout	output	64	CTrie 节点存储区数据输出,仿真分析时使用
ip_table_refresh_req	input	1	索引映射表更新请求,高电平有效
ip_table_refresh_ack	output	1	索引映射表更新应答,高电平有效
ip_table_wr_en	input	1	索引映射表写使能信号,高电平有效
ip_table_addr	input	11	索引映射表地址
ip_table_din	input	36	索引映射表数据输入
ip_table_dout	onput	36	索引映射表数据输出,仿真分析时使用
comp_din	input	32	进行查找的目的 IP 地址输入
comp_req	input	1	CTrie 查找请求,高电平有效
comp_ack	output	1	CTrie 查找应答信号,高电平有效
comp_result_smac	output	16	查找得到的 MAC 地址
comp_result_port	output	16	查找得到的输出端口号

下面是 Ctrie 电路的具体设计代码及相应的注释。

```verilog
`timescale 1ns/100ps
module ctrie(
input              clk,
input              rstn,
//路径压缩二叉树更新端口信号
input              ctrie_refresh_req,
output   reg       ctrie_refresh_ack,
input              ctrie_wr_en,
input     [63:0]   ctrie_din,
output    [63:0]   ctrie_dout,
input     [15:0]   ctrie_addr,
//路径压缩二叉树匹配结果缓冲区更新端口信号
input              ip_table_refresh_req,
output   reg       ip_table_refresh_ack,
input              ip_table_wr_en,
input     [63:0]   ip_table_din,
output    [63:0]   ip_table_dout,
input     [10:0]   ip_table_addr,
//路径压缩二叉树匹配操作端口信号
input     [31:0]   comp_din,
input              comp_req,
output   reg       comp_ack,
output   reg [47:0] comp_result_smac,
output   reg [15:0] comp_result_port
);
```

```
reg                    sram_wr;
reg        [15:0]      sram_addr;
wire       [63:0]      sram_dout;
reg        [63:0]      sram_din;
reg                    trie_comp_ack;

reg                    ip_sram_wr;
reg        [10:0]      ip_sram_addr;
reg        [63:0]      ip_sram_din;
wire       [63:0]      ip_sram_dout;
// =================================================================
//待匹配比特选择信号
// =================================================================
reg        [3:0]       vec_sel;
wire       [15:0]      left_son;
wire       [15:0]      right_son;
wire                   sf;
assign right_son[15:0] = sram_dout[47:32];
//comp_index 用于选择目的 IP 地址中需要进行匹配的比特,注意: 按照路由匹配的规则,从高位向
//低位进行待匹配比特的选择
reg  [4:0]  comp_index;
always @(comp_index or comp_din)
    begin
        case(comp_index[4:0])
        31:vec_sel = comp_din[31:28];
        30:vec_sel = comp_din[30:27];
        29:vec_sel = comp_din[29:26];
        28:vec_sel = comp_din[28:25];
        27:vec_sel = comp_din[27:24];
        26:vec_sel = comp_din[26:23];
        25:vec_sel = comp_din[25:22];
        24:vec_sel = comp_din[24:21];
        23:vec_sel = comp_din[23:20];
        22:vec_sel = comp_din[22:19];
        21:vec_sel = comp_din[21:18];
        20:vec_sel = comp_din[20:17];
        19:vec_sel = comp_din[19:16];
        18:vec_sel = comp_din[18:15];
        17:vec_sel = comp_din[17:14];
        16:vec_sel = comp_din[16:13];
        15:vec_sel = comp_din[15:12];
        14:vec_sel = comp_din[14:11];
        13:vec_sel = comp_din[13:10];
        12:vec_sel = comp_din[12:9];
        11:vec_sel = comp_din[11:8];
        10:vec_sel = comp_din[10:7];
        9:vec_sel = comp_din[9:6];
        8:vec_sel = comp_din[8:5];
        7:vec_sel = comp_din[7:4];
        6:vec_sel = comp_din[6:3];
        5:vec_sel = comp_din[5:2];
        4:vec_sel = comp_din[4:1];
        3:vec_sel = comp_din[3:0];
        2:vec_sel = {comp_din[2:0],1'b0};
```

```
                    1:vec_sel = {comp_din[1:0],2'b0};
                    0:vec_sel = {comp_din[0],3'b0};
                    endcase
                    end
// ========================================================================
//主状态机的功能:
//(1)如果 ctrie_refresh_req 为 1,进入状态 7,可进行节点存储区写入操作,实现路径压缩二叉树的
//更新;
//(2)如果 comp_req 有效,则开始进行匹配操作;
//(3)vec_sel 是当前选择出的待匹配数据位,其位宽为 4,本电路支持路径压缩,但最大压缩步长限
//定为 4,以简化组合逻辑设计;
//(4)主状态完成匹配后,将匹配结果以请求 - 应答方式提供给状态机 ip_state(通过 trie_comp_ack
//和 comp_result),该状态机以 comp_result 为地址,读出最终的匹配结果并输出。这种方式可以提
//高设计的灵活性和模块化水平
// ========================================================================
reg [2:0]      mstate;
wire           left_son_zero;      //左儿子为 0 指示信号
wire           right_son_zero;     //右儿子为 0 指示信号
reg [14:0]     comp_result;        //CTrie 匹配结果
always @(posedge clk or negedge rstn)
    if(!rstn) begin
        comp_index <= #2 31;
        ctrie_refresh_ack <= #2 0;
        mstate <= #2 0;
        end
    else begin
        //下面的代码用于记录匹配路径上实节点中存储的匹配结果
        if(sram_dout[30:16]!= 0) comp_result[14:0]<= #2 sram_dout[30:16];
        case(mstate)
        0:begin
            trie_comp_ack <= #2 0;
            comp_index         <= #2 31;
            sram_addr          <= #2 0;
            if(ctrie_refresh_req)begin
                ctrie_refresh_ack <= #2 1;
                mstate          <= #2 7;
                end
            else if(comp_req) mstate <= #2 1;
            end
        1:begin
            mstate<= #2 2;
            //判断是否有压缩,sf 为 0 表示没有压缩,此时进行如下操作
            if(!sf) begin
                //如果当前待匹配比特为 0,进行如下操作
                if(!vec_sel[3]) begin
                    //如果待匹配比特为 0,且左儿子为 0,结束匹配操作
                    if(left_son_zero) begin
                        trie_comp_ack <= #2 1;
                        mstate<= #2 3;
                        end
                    //如果待匹配比特为 0,且左儿子不为 0,继续匹配操作
                    else begin
                        sram_addr <= #2 left_son;
```

```
            comp_index <= #2 comp_index - 1;
            mstate <= #2 2;
            end
    end
//如果当前待匹配比特为1,进行如下操作
else begin
    //如果待匹配比特为1,且右儿子为0,结束匹配操作
    if(right_son_zero) begin
        trie_comp_ack <= #2 1;
        mstate <= #2 3;
        end
    //如果待匹配比特为1,且右儿子不为0,继续匹配操作
    else begin
        sram_addr <= #2 right_son;
        comp_index <= #2 comp_index - 1;
        mstate <= #2 2;
        end
    end
end
//如果 sf 为1,存在路径压缩,则进行如下匹配操作
else begin
    // ===========================================================
    //如果右儿子不为0,进行如下操作
    // ===========================================================
    if(!right_son_zero)
        //左儿子的高4位是压缩的比特数(压缩的跨度值),低4位是被压缩路径对
        //应的比特序列,需要根据压缩跨度值选择参与比较(匹配)的具体比特
        case(left_son[15:12])
        1:  if(vec_sel[3] == left_son[0])begin
                sram_addr <= #2 right_son;
                comp_index <= #2 comp_index - 1;
                mstate <= #2 2;
                end
            else begin
                trie_comp_ack <= #2 1;
                mstate <= #2 3;
                end
        2: if(vec_sel[3:2] == left_son[1:0])begin
                sram_addr <= #2 right_son;
                comp_index <= #2 comp_index - 2;
                mstate <= #2 2;
                end
            else begin
                trie_comp_ack <= #2 1;
                mstate <= #2 3;
                end
        3: if(vec_sel[3:1] == left_son[2:0])begin
                sram_addr <= #2 right_son;
                comp_index <= #2 comp_index - 3;
                mstate <= #2 2;
                end
            else begin
                trie_comp_ack <= #2 1;
                mstate <= #2 3;
```

```
                                        end
                    4: if(vec_sel[3:0] == left_son[3:0])begin
                            sram_addr <= #2 right_son;
                            comp_index <= #2 comp_index - 4;
                            mstate <= #2 2;
                            end
                        else begin
                            trie_comp_ack <= #2 1;
                            mstate <= #2 3;
                            end
                    endcase
                // ============================================================
                //如果右儿子为 0,进行如下操作
                // ============================================================
                else begin
                    trie_comp_ack <= #2 1;
                    mstate <= #2 3;
                    end
                end
            end
        2: mstate <= #2 1;
        3: begin
            trie_comp_ack <= #2 0;
            if(!comp_req) mstate <= #2 0;
            end
        7:begin
            ctrie_refresh_ack <= #2 0;
            if(ctrie_refresh_req) begin
                sram_wr <= #2 ctrie_wr_en;
                sram_din <= #2 ctrie_din;
                sram_addr <= #2 ctrie_addr;
                end
            else begin
                sram_addr    <= #2 0;
                mstate       <= #2 0;
                end
            end
        endcase
        end
assign left_son[15:0]  = sram_dout[63:48];
assign left_son_zero = (left_son == 0)?1:0;
assign right_son[15:0] = sram_dout[47:32];
assign right_son_zero = (right_son == 0)?1:0;
assign sf = sram_dout[31];
assign ctrie_dout = sram_dout;
// ================================================================================
//ip_state用于接收主状态机的匹配结果,以此为地址读取最终的输出结果。这种方式有利于提高
//设计的灵活性。例如,路由器的端口从 16 扩展到 32 时,需要增加存储器位宽,此时只需要对本电
//路进行简单修改即可
// ================================================================================
reg       [1:0] ip_state;
always @(posedge clk or negedge rstn)
    if(!rstn) begin
        ip_state <= #2 0;
```

```verilog
            comp_ack <= #2 0;
            ip_sram_wr <= #2 0;
            comp_result_smac <= #2 0;
            comp_result_port <= #2 0;
            ip_table_refresh_ack <= #2 0;
            end
    else begin
        case(ip_state)
        0: begin
            comp_ack <= #2 0;
            if(trie_comp_ack) begin
                ip_sram_addr[10:0]<= #2 comp_result[10:0];
                ip_state <= #2 1;
                end
            else if(ip_table_refresh_req) begin
                ip_state <= #2 3;
                ip_table_refresh_ack <= #2 1;
                end
            end
        1: ip_state <= #2 2;
        2: begin
            comp_ack <= #2 1;
            comp_result_smac <= #2 ip_sram_dout[47:0];
            comp_result_port <= #2 ip_sram_dout[63:48];
            ip_state <= #2 0;
            end
        3: begin
            ip_table_refresh_ack <= #2 0;
            if(ip_table_refresh_req) begin
                ip_sram_wr <= #2 ip_table_wr_en;
                ip_sram_din <= #2 ip_table_din;
                ip_sram_addr <= #2 ip_table_addr;
                end
            else begin
                ip_state <= #2 0;
                end
            end
        endcase
        end
assign ip_table_dout = ip_sram_dout;
sram_w64_d8k u_trie_sram (
  .clka(clk),
  .wea(sram_wr),
  .addra(sram_addr[12:0]),
  .dina(sram_din[63:0]),
  .douta(sram_dout[63:0]));
sram_w64_d2k u_ip_sram (
  .clka(clk),
  .wea(ip_sram_wr),
  .addra(ip_sram_addr[10:0]),
  .dina(ip_sram_din[63:0]),
  .douta(ip_sram_dout[63:0]));
endmodule
```

　　进行仿真分析时,首先需要生成一个路由表,然后使用路径压缩二叉树生成软件根据路由表生成二叉树节点缓冲区。这里假定根据路由表生成的节点缓冲区数据被写入 111. txt 文件中,供 testbench 使用。

　　下面是 ctrie. v 的仿真代码。

```verilog
`timescale 1ns / 100ps
module ctrie_tb;
parameter     CTRIE_DEPTH = 8192,
              IP_DEPTH = 2048;
reg           clk;
reg           rstn;
reg           ctrie_refresh_req;
reg           ctrie_wr_en;
reg [63:0]    ctrie_din;
reg [17:0]    ctrie_addr;
reg [31:0]    comp_din;
reg           comp_req;
reg           ip_table_refresh_req;
wire          ip_table_refresh_ack;
reg           ip_table_wr_en;
reg [63:0]    ip_table_din;
wire [63:0]   ip_table_dout;
reg [10:0]    ip_table_addr;
wire          ctrie_refresh_ack;
wire [63:0]   ctrie_dout;
wire          comp_ack;
wire [15:0]   comp_result_smac;
wire [4:0]    comp_result_port;
reg [63:0]    ctrie_node_mem [CTRIE_DEPTH - 1:0];
reg [63:0]    ip_table_node_mem[IP_DEPTH - 1:0];
integer ii;
ctrie uut (
    .clk(clk),
    .rstn(rstn),
    .ctrie_refresh_req(ctrie_refresh_req),
    .ctrie_refresh_ack(ctrie_refresh_ack),
    .ctrie_wr_en(ctrie_wr_en),
    .ctrie_din(ctrie_din),
    .ctrie_dout(ctrie_dout),
    .ctrie_addr(ctrie_addr),
    .ip_table_refresh_req(ip_table_refresh_req),
    .ip_table_refresh_ack(ip_table_refresh_ack),
    .ip_table_wr_en(ip_table_wr_en),
    .ip_table_din(ip_table_din),
    .ip_table_dout(ip_table_dout),
    .ip_table_addr(ip_table_addr),
    .comp_din(comp_din),
    .comp_req(comp_req),
    .comp_ack(comp_ack),
    .comp_result_smac(comp_result_smac),
    .comp_result_port(comp_result_port)
);
always #5 clk = ~clk;
```

```
initial begin
    clk = 0;
    rstn = 0;
    ctrie_refresh_req = 0;
    ctrie_wr_en = 0;
    ctrie_din = 0;
    ctrie_addr = 0;
    comp_din = 0;
    comp_req = 0;
    ip_table_refresh_req = 0;
    ip_table_wr_en = 0;
    ip_table_din = 0;
    ip_table_addr = 0;
    #100;
    rstn = 1;
    //下面的代码为 ctrie_node_mem 赋初始值
    for(ii = 0;ii < CTRIE_DEPTH;ii = ii + 1)
        ctrie_node_mem[ii] = 64'h0;
    //下面的代码为 ip_table_node_mem 赋初始值,这里将索引变量 ii 的值重复 4 次写入 ip_table_
    //node_mem,这是为了便于观察数据,没有特别含义
    for(ii = 0;ii < IP_DEPTH;ii = ii + 1)
        ip_table_node_mem[ii] = {4{ii[15:0]}};
    ctrie_refresh;              //二叉树更新任务
    #1000;
    ip_table_refresh;           //索引映射表更新任务
    #1000;
    repeat(10)@(posedge clk);
    ctrie_search(2,68,0,0);
    ctrie_search(29,119,0,0);
    ctrie_search(29,203,194,0);
    ctrie_search(192,168,0,1);
end
// =========================================================================
//ctrie_refresh 使用 Verilog 系统任务 $ readmemh 将文本文件 111.txt 中存储的节点存储区数据
//读出并写入 ctrie_node_mem 中,然后通过二叉树更新端口信号将 ctrie_node_mem 中存储的数据
//全部写入 CTrie 查找电路内部的节点存储器中
// =========================================================================
task ctrie_refresh;
integer        i;
reg [63:0]     temp;
begin
    repeat(1)@(posedge clk);
    #2;
    ctrie_refresh_req = 1;
    while (!ctrie_refresh_ack) repeat(1)@(posedge clk);
    #2;
    //下面的代码从 111.txt 文件中读取数据并写入 ctrie_node_mem
    $ readmemh("F:/qhbook/code/111.txt",ctrie_node_mem);
    //下面的代码将 ctrie_node_mem 中的数据依次读出并写入 CTrie 查找电路内部的节点缓冲区
    for(i = 0;i < CTRIE_DEPTH;i = i + 1) begin
        temp = ctrie_node_mem[i];
        ctrie_wr_en   = 1;
        ctrie_din     = temp;
        ctrie_addr    = i;
```

```
            repeat(1)@(posedge clk);
            #2;
            end
        ctrie_wr_en = 0;
        repeat(1)@(posedge clk);
        #2;
        ctrie_refresh_req = 0;
        end
endtask
// ====================================================================
//ip_table_refresh 将 ip_table_node_mem 中存储的数据全部写入 CTrie 查找电路内部存储匹配结
//果的存储区中
// ====================================================================
task ip_table_refresh;
integer i;
reg [63:0]  temp;
begin
    repeat(1)@(posedge clk);
    #2;
    ip_table_refresh_req = 1;
    while (!ip_table_refresh_ack) repeat(1)@(posedge clk);
    #2;
    for(i = 0;i < IP_DEPTH;i = i + 1) begin
        temp = ip_table_node_mem[i];
        ip_table_wr_en = 1;
        ip_table_din = temp;
        ip_table_addr = i;
        repeat(1)@(posedge clk);
        #2;
        end
    ip_table_wr_en = 0;
    repeat(1)@(posedge clk);
    #2;
    ip_table_refresh_req = 0;
    end
endtask
//ctrie_search 用于进行目的 IP 地址的匹配,由于 IP 地址采用点分十进制数表示,所以此处用 4 个
//输入表示 IP 地址的 4 字节
task ctrie_search;
input [7:0]   B3,B2,B1,B0;
reg   [31:0]  ip_address;
integer i;
begin
    ip_address = {B3,B2,B1,B0};
    repeat(1)@(posedge clk);
    #2;
    comp_din = ip_address;
    comp_req = 1;
    while (!comp_ack) repeat(1)@(posedge clk);
    #2;
    comp_req = 0;
```

```
        repeat(1)@(posedge clk);
        #2;
        end
    endtask
endmodule
```

图 2-26 是对 CTrie 查找电路内部节点缓冲区进行初始化的仿真波形。仿真代码中使用 $readmemh 系统任务将根据路由表生成的二叉树节点缓冲区数据从 111. txt 文件中读出并写入 CTrie 查找电路内部的 RAM 中。

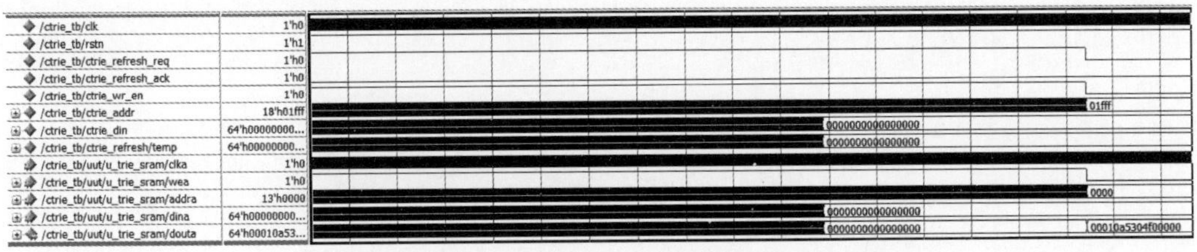

图 2-26　CTrie 查找电路内部节点缓冲区初始化仿真波形

图 2-27 是对 CTrie 查找电路内部存储最终匹配结果的索引映射表进行配置的仿真波形。可以看出,仿真代码对位于 CTrie 内部、存储最终匹配结果的 RAM 进行了写入操作。

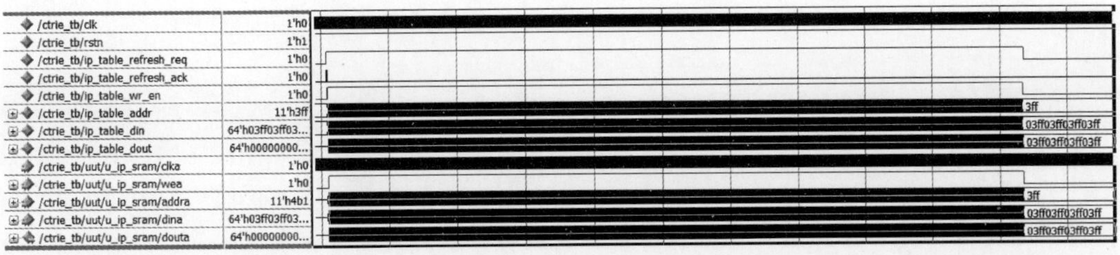

图 2-27　CTrie 查找电路内部索引映射表配置操作仿真波形

图 2-28 是对下面 4 个 IP 地址进行匹配的仿真波形,这里采用了 4 个输入,分别代表一个 IP 地址的 4 字节(按照从高字节到低字节的顺序)。

```
ctrie_search(2,68,0,0);
ctrie_search(29,119,0,0);
ctrie_search(29,203,194,0);
ctrie_search(192,168,0,1);
```

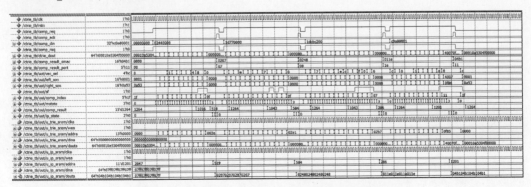

图 2-28　对 4 个 IP 地址进行匹配的仿真波形

观察 sf 的波形,可以看出,在每次匹配的过程中都出现了 sf 为 1 的情况,说明在匹配过程中,相关路径都存在压缩,这有利于提高匹配的速率,降低节点存储开销。

需要说明的是,CTrie 查找电路内部节点缓冲区中存储的 CTrie 是由上层软件根据路由表生成后写入的,不是通过本电路建立的,主要原因是路径压缩二叉树建立过程逻辑较为复杂,难以通过硬件电路实现。此外,CTrie 的更新操作相对于基本二进制 Trie 更为复杂,当个别路由发生变化时,往往会重新生成整个 CTrie。

第3章

SDN流表电路算法与电路实现

软件定义网络(Software Defined Network,SDN)是近年来高速发展并被逐渐接受的网络技术。SDN的核心思想是将IP交换机的控制平面与转发平面分离,交换机只负责分组转发,其路由和控制功能由独立的SDN控制器实现。SDN技术顺应了数据中心、网络功能虚拟化等技术的发展需求,带来了网络技术发展观念上的创新。

SDN技术被提出后,针对多级流表技术的研究不断深入。多级流表内部包括串行连接的多个流表,报文(或者说分组)经多级流表匹配转发的过程如图3-1所示。输入报文首先在第一级流表进行匹配查找。匹配时,需要先根据配置,提取出待匹配的关键字(KEY),然后进行匹配操作,若匹配成功,则按照表项对应的指令进行操作;若未匹配成功,则继续进行后续的匹配操作。采用多级流表,按照流水线模式进行匹配查找,可提升报文的匹配吞吐率。另外,不同的流表可以针对不同的关键字进行匹配,组合实现较为复杂的匹配功能。

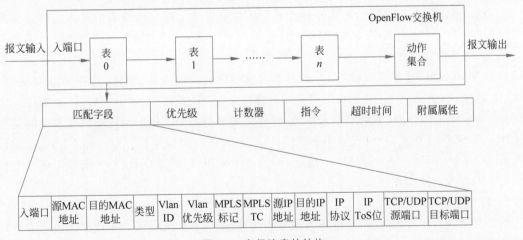

图 3-1 多级流表的结构

采用多级流表时,并不关心输入报文采用的具体协议,而是根据配置,从报文头部(或净荷)中提取出待匹配字段,然后根据该字段进行匹配(查表)。待匹配字段是用户配置选择的,只关心从分组头中提取哪些字段,将其组合起来做匹配查找,匹配完成后按相应结果进行操作即可。对于每一级流表而言,匹配流程与具体协议无关,即使有了新的协议,用户也可以通过更新对流表电路的配置,实现对新协议报文的匹配,大大提高了设备兼容新协议的能力。

每一级流表在具体实现时,可以采用不同的电路结构,较为常见的是采用内容可寻址存储器(Content Addressable Memory,CAM)、三态内容可寻址存储器(Ternary Content Addressable Memory,TCAM)和哈希查找(Hash)。

CAM在查找领域应用广泛,是RAM技术的发展延伸。CAM可以根据输入的关键字信息返回在CAM中与之匹配表项的地址,一个时钟周期可以完成对关键字信息的精确匹配。CAM采用并行查找的方式,匹配操作简单,能够实现快速查找,但单个CAM只能存储固定位宽的数据,在不确定关键字的位宽时,会降低存储资源的利用率。TCAM比CAM具有更高的灵活性,其每个比特支持"0""1""x"三种逻辑状态,"x"表示不需要对某个比特进行匹配,能够作为掩码起到匹配屏蔽的作用。TCAM支持最长前缀匹配。目前CAM和TCAM通常采用专用知识产权(Intellectual Property,IP)内核实现,总体存储密度较低,功耗较大。本章重点介绍采用Hash算法实现多级流表的具体电路。

3.1 哈希查找算法原理

哈希(Hash)算法在通信和网络领域应用非常广泛,它既可以应用于以太网交换机的转发表查找中,也可以应用于路由器的路由表查找中。例如,在以太网交换机中,需要根据一个数据帧的目的MAC地址查找转发表以得到其对应的输出端口信息。以太网的MAC地址位宽为48比特,如果采用线性查找,那么需要的存储深度为2^{48},这在实际应用中是难以实现的。基于哈希算法设计的查找电路(简称哈希查找电路)可以利用较小的存储空间实现高速的以太网转发表查找功能。与IP路由的最长前缀匹配不同,哈希查找的前提是待匹配查找的关键字(如MAC地址)的长度是固定的。SDN采用多级精确匹配流表,每一级都可以用一个哈希查找电路加以实现。

哈希查找,包括建立哈希表和进行哈希查找两个步骤。建立哈希表的基本过程是根据待匹配的关键字(称为KEY,如MAC地址就是一个位宽为48比特的KEY)进行哈希运算得到其哈希值,哈希值的位宽与哈希表的深度直接相关。例如,哈希表深度为1K,那么哈希值位宽为10比特,这样可以寻址1K的空间。然后以哈希值为地址,将关键字(如MAC地址、IP地址、TCP或者UDP端口号等)和与关键字对应的信息(如输出端口、转发操作方式等)一起写入由RAM构成的哈希表中,这样就完成了与某个关键字对应的哈希表项的建立工作。在SDN交换机中,流表采用多级结构,每一级可以对应不同KEY,如KEY0针对目的MAC地址、KEY1针对源MAC地址、KEY2针对目的IP地址等,每一级都采用一个独立的哈希查找电路实现。

SDN交换机的每一级进行哈希表查找时,都会先将待匹配的关键字(如MAC地址)进行哈希变换,将计算得到的哈希值作为散列表的读地址,然后从哈希表中读出与该哈希值对应的表项,如果读出表项中关键字与待匹配的关键字相同,则与关键字对应的信息就是需要的查找结果。如果哈希表设计合理,多数情况下经过1次存储访问就可以得到查找结果,查找速度可以满足高性能交换机的要求。

对于一个哈希查找电路,不同的KEY值可能运算得到相同的哈希值,此时称为产生了哈希冲突。如图3-2给出的例子所示,假如KEY的取值空间为0~7,但KEY空间中的值很少会出现 3 个以上,因此哈希表的存储深度取值为 3。如果某个应用场合中,KEY 的值为 0、3 和 6,经过哈希运算后得到的哈希值刚好为 0、1 和 2,它们可以均匀地存储在 Hash 表的存储空间 0、1 和 2 中,它们之间没有冲突。如果 KEY 的取值虽然只有三个,但取的是 0、3 和 7,此时它们的哈希值为 0、1 和 1,可以看出,Hash 表中地址 2 为空,但在地址 1 处发生了冲突。解决 Hash 冲突是哈希查找的关键问题之一。在图 3-2 的 Hash 表中,除了存储 KEY,还相应存储着与该 KEY 对应的查找结果,它是 Hash 查找的输出结果。

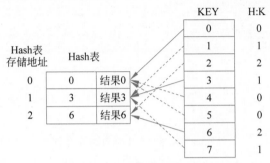

图 3-2　Hash 算法示例

　　解决哈希冲突的典型方法是增大哈希表中表项的宽度,使得一个哈希值对应的存储空间中同时可存储多个关键字及其对应的匹配结果,这种方式也称为多哈希桶或多桶哈希查找技术(每个哈希桶对应一个关键字和一个查找结果)。采用多个哈希桶,可以有效缓解哈希冲突,同时保证单次访问就可以得到查找结果,有利于实现高查找速度。这种方法存在的不足是存储空间利用率较低,实际存储空间占用情况与关键字的取值分布关系较为密切。图 3-3 是一个双桶哈希表,可以看出,当 KEY 的取值为 0、3 和 7 时,它们都可以存储在 Hash 表中,只不过此时浪费的存储空间更大了。在进行查找时,如果输入的 KEY 为 7,那么经过 Hash 运算后得到的值为 1,此时从双桶 Hash 表中会同时读出 KEY 为 3 和 7 时对应的结果,需要将实际输入的 KEY 值(7)和 Hash 表中存储的 KEY 值(分别为 3 和 7)进行比较,确定输出结果 7。

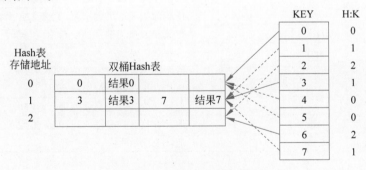

图 3-3　双桶 Hash 算法示例

3.2　多桶哈希查找电路设计与分析

　　图 3-4 为一个名为 hash_4_bucket 的 4 桶哈希查找电路符号图,表 3-1 给出了引脚的功能说明。电路的关键字位宽为 128 比特,匹配结果位宽为 144 比特,表深度为 4096,可以实

现哈希表项插入、表项删除和关键字精确匹配 3 种功能。它可被用于设计 SDN 中的多级流表电路。

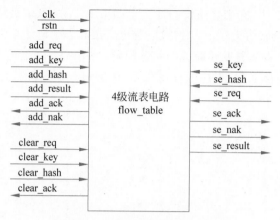

图 3-4　4 桶哈希查找电路符号图

表 3-1　哈希查找电路的端口定义

端口名称	I/O 类型	位宽/比特	含　　义
clk	input	1	系统时钟
rstn	input	1	系统复位信号,低电平有效
add_req	input	1	表项添加请求,1 表示请求添加哈希表项
add_ack	output	1	表项添加成功应答,1 表示当前哈希表项添加成功
add_nak	output	1	表项添加失败应答,1 表示当前哈希表项添加失败,原因是哈希冲突,无可用哈希桶
add_key	input	128	待添加表项的关键字,位宽为 128 比特
add_result	input	144	待添加表项对应的匹配结果,位宽为 144 比特
add_hash	input	12	待添加表项关键字的哈希值,位宽为 12 比特
clear_req	input	1	表项删除请求,1 表示请求删除哈希表项
clear_ack	output	1	表项删除成功应答,1 表示当前哈希表项删除成功
clear_key	input	128	待删除表项的关键字,位宽为 128 比特
clear_hash	input	12	待删除表项关键字的哈希值,位宽为 12 比特
se_key	input	128	待匹配关键字
se_hash	intput	12	待匹配关键字对应的哈希值
se_req	intput	1	地址查找(匹配)请求
se_ack	output	1	地址查找(匹配)完成,且匹配成功
se_nak	output	1	地址查找(匹配)完成,且匹配不成功
se_result	output	144	地址匹配结果

下面是 hash_4_bucket 电路代码及说明。

```
`timescale 1ns / 1ps
module hash_4_bucket(
input            clk,
input            rstn,
//表项添加端口
input            add_req,
output reg       add_ack,
```

```
output reg                 add_nak,
input        [127:0]       add_key,
input        [143:0]       add_result,
input        [11:0]        add_hash,
//表项删除端口
input                      clear_req,
output reg                 clear_ack,
input        [127:0]       clear_key,
input        [11:0]        clear_hash,
//表项匹配端口
input        [127:0]       se_key,
input        [11:0]        se_hash,
input                      se_req,
output reg                 se_ack,
output reg                 se_nak,
output reg   [143:0]       se_result
);
//状态机的状态编码
parameter    IDLE = 5'd0,
             MATCH1 = 5'd1,
             MATCH2 = 5'd2,
             MATCH3 = 5'd3,
             MATCH4 = 5'd4,
             ADD_ENTRY1 = 5'd5,
             ADD_ENTRY2 = 5'd6,
             ADD_ENTRY3 = 5'd7,
             ADD_ENTRY4 = 5'd8,
             ADD_ENTRY5_1 = 5'd9,
             ADD_ENTRY5_2 = 5'd10,
             CLR_ENTRY1 = 5'd11,
             CLR_ENTRY2 = 5'd12,
             CLR_ENTRY3 = 5'd13,
             CLR_ENTRY4 = 5'd14,
             INIT = 5'd15,
             WAIT = 5'd16;


reg [4:0] state;
//一个哈希表项中有4个哈希桶,hit0~hit3用于指出当前待匹配关键字匹配中了哪一个,值为1表
//示匹配中,值为0表示未匹配中; item_valid0~item_valid3表示哈希桶中的表项是否有效,1表示
//有效,0表示无效
reg                hit3;
reg                hit2;
reg                hit1;
reg                hit0;
wire               item_valid3;
wire               item_valid2;
wire               item_valid1;
wire               item_valid0;
//u_key_ram_0~u_key_ram_3用于存储4个哈希桶的关键字,位宽为144比特,深度为4096
//u_result_sram_0~u_result_sram_3用于存储4个哈希桶的匹配结果,位宽为144比特,深度为4096。
//本电路中,实际匹配结果的位宽是128比特,这里预留了16比特,供扩展使用
reg                key_ram_wr_0;
reg      [11:0]    key_ram_addr_0;
reg      [143:0]   key_ram_din_0;
```

```
wire       [143:0]    key_ram_dout_0;
reg        [143:0]    key_ram_dout_0_reg;
reg                   key_ram_wr_1;
reg        [11:0]     key_ram_addr_1;
reg        [143:0]    key_ram_din_1;
wire       [143:0]    key_ram_dout_1;
reg        [143:0]    key_ram_dout_1_reg;
reg                   key_ram_wr_2;
reg        [11:0]     key_ram_addr_2;
reg        [143:0]    key_ram_din_2;
wire       [143:0]    key_ram_dout_2;
reg        [143:0]    key_ram_dout_2_reg;
reg                   key_ram_wr_3;
reg        [11:0]     key_ram_addr_3;
reg        [143:0]    key_ram_din_3;
wire       [143:0]    key_ram_dout_3;
reg        [143:0]    key_ram_dout_3_reg;
reg                   result_ram_wr_0;
reg        [11:0]     result_ram_addr_0;
reg        [143:0]    result_ram_din_0;
wire       [143:0]    result_ram_dout_0;
reg                   result_ram_wr_1;
reg        [11:0]     result_ram_addr_1;
reg        [143:0]    result_ram_din_1;
wire       [143:0]    result_ram_dout_1;
reg                   result_ram_wr_2;
reg        [11:0]     result_ram_addr_2;
reg        [143:0]    result_ram_din_2;
wire       [143:0]    result_ram_dout_2;
reg                   result_ram_wr_3;
reg        [11:0]     result_ram_addr_3;
reg        [143:0]    result_ram_din_3;
wire       [143:0]    result_ram_dout_3;
//hit_key 用于临时寄存待匹配的关键字
reg        [127:0]    hit_key;
reg                   key_ram_init;
always @(posedge clk or negedge rstn)
    if(!rstn)begin
        // ================================================================
        //下面的代码用于给电路中的寄存器赋初始值
        // ================================================================
        state       <= #2 IDLE;
        key_ram_init <= #2 1;
        key_ram_wr_0 <= #2 0;
        key_ram_addr_0 <= #2 0;
        key_ram_din_0 <= #2 0;
        key_ram_wr_1 <= #2 0;
        key_ram_addr_1 <= #2 0;
        key_ram_din_1 <= #2 0;
        key_ram_wr_2 <= #2 0;
        key_ram_addr_2 <= #2 0;
        key_ram_din_2 <= #2 0;
        key_ram_wr_3 <= #2 0;
        key_ram_addr_3 <= #2 0;
```

```
            key_ram_din_3 <= #2 0;
        result_ram_wr_0 <= #2 0;
        result_ram_addr_0 <= #2 0;
        result_ram_din_0 <= #2 0;
        result_ram_wr_1 <= #2 0;
        result_ram_addr_1 <= #2 0;
        result_ram_din_1 <= #2 0;
        result_ram_wr_2 <= #2 0;
        result_ram_addr_2 <= #2 0;
        result_ram_din_2 <= #2 0;
        result_ram_wr_3 <= #2 0;
        result_ram_addr_3 <= #2 0;
        result_ram_din_3 <= #2 0;
        se_ack <= #2 0;
        se_nak <= #2 0;
        se_result <= #2 0;
        clear_ack <= #2 0;
        add_ack <= #2 0;
        hit_key <= #2 0;
        end
else begin
    // ================================================================
    //下面的赋值语句是每个时钟上升沿出现时进行的默认操作。在状态机中,有些寄存器会
    //进行再次赋值,决定最终的赋值结果
    // ================================================================
    key_ram_dout_0_reg      <= #2 key_ram_dout_0;
    key_ram_dout_1_reg      <= #2 key_ram_dout_1;
    key_ram_dout_2_reg      <= #2 key_ram_dout_2;
    key_ram_dout_3_reg      <= #2 key_ram_dout_3;
    result_ram_wr_0         <= #2 0;
    result_ram_wr_1         <= #2 0;
    result_ram_wr_2         <= #2 0;
    result_ram_wr_3         <= #2 0;
    key_ram_wr_0            <= #2 0;
    key_ram_wr_1            <= #2 0;
    key_ram_wr_2            <= #2 0;
    key_ram_wr_3            <= #2 0;
    se_ack                 <= #2 0;
    se_nak                 <= #2 0;
    add_ack                <= #2 0;
    add_nak                <= #2 0;
    clear_ack              <= #2 0;
    case(state)
    IDLE:begin
        if(key_ram_init) begin
            key_ram_wr_0       <= #2 1;
            key_ram_addr_0     <= #2 0;
            key_ram_din_0      <= #2 0;
            key_ram_wr_1       <= #2 1;
            key_ram_addr_1     <= #2 0;
            key_ram_din_1      <= #2 0;
            key_ram_wr_2       <= #2 1;
            key_ram_addr_2     <= #2 0;
            key_ram_din_2      <= #2 0;
```

```
                              key_ram_wr_3       <= #2 1;
                              key_ram_addr_3     <= #2 0;
                              key_ram_din_3      <= #2 0;
                              state              <= #2 INIT;
                          end
                  if(se_req&!se_ack) begin
                      hit_key[127:0]     <= #2 se_key[127:0];
                      key_ram_addr_0     <= #2 se_hash;
                      key_ram_addr_1     <= #2 se_hash;
                      key_ram_addr_2     <= #2 se_hash;
                      key_ram_addr_3     <= #2 se_hash;
                      result_ram_addr_0  <= #2 se_hash;
                      result_ram_addr_1  <= #2 se_hash;
                      result_ram_addr_2  <= #2 se_hash;
                      result_ram_addr_3  <= #2 se_hash;
                      state              <= #2 MATCH1;
                      end
                  else if(add_req&!add_ack) begin
                      hit_key[127:0]     <= #2 add_key[127:0];
                      key_ram_addr_0     <= #2 add_hash;
                      key_ram_addr_1     <= #2 add_hash;
                      key_ram_addr_2     <= #2 add_hash;
                      key_ram_addr_3     <= #2 add_hash;
                      result_ram_addr_0  <= #2 add_hash;
                      result_ram_addr_1  <= #2 add_hash;
                      result_ram_addr_2  <= #2 add_hash;
                      result_ram_addr_3  <= #2 add_hash;
                      state              <= #2 ADD_ENTRY1;
                      end
                  else if(clear_req & !clear_ack) begin
                      hit_key[127:0]     <= #2 clear_key[127:0];
                      key_ram_addr_0     <= #2 clear_hash;
                      key_ram_addr_1     <= #2 clear_hash;
                      key_ram_addr_2     <= #2 clear_hash;
                      key_ram_addr_3     <= #2 clear_hash;
                      result_ram_addr_0  <= #2 clear_hash;
                      result_ram_addr_1  <= #2 clear_hash;
                      result_ram_addr_2  <= #2 clear_hash;
                      result_ram_addr_3  <= #2 clear_hash;
                      state              <= #2 CLR_ENTRY1;
                      end
              end
// ================================================================
//下面的状态进行匹配操作
//MATCH1、MATCH2、MATCH3 用于等待数据从 KEY 存储器中被读出、寄存和比较
// ================================================================
MATCH1:    state        <= #2 MATCH2;
MATCH2:    state        <= #2 MATCH3;
MATCH3:    state        <= #2 MATCH4;
MATCH4: begin
    casex({hit3,hit2,hit1,hit0})
    4'b0000:se_nak <= #2 1;
    4'bxxx1: begin
        se_ack       <= #2 1;
```

```
        se_nak    <= #2 0;
        se_result <= #2 result_ram_dout_0[143:0];
        end
    4'bxx10: begin
        se_ack    <= #2 1;
        se_nak    <= #2 0;
        se_result <= #2 result_ram_dout_1[143:0];
        end
    4'bx100: begin
        se_ack    <= #2 1;
        se_nak    <= #2 0;
        se_result <= #2 result_ram_dout_2[143:0];
        end
    4'b1000:begin
        se_ack    <= #2 1;
        se_nak    <= #2 0;
        se_result <= #2 result_ram_dout_3[143:0];
        end
    default:  begin
        se_ack    <= #2 0;
        se_nak    <= #2 0;
        end
    endcase
    state        <= #2 WAIT;
    end
// ================================================================
//下面的状态用于进行表项添加操作
//ADD_ENTRY1、ADD_ENTRY2、ADD_ENTRY3 用于等待数据从 KEY 存储器中被读出、寄存和比较
// ================================================================
ADD_ENTRY1:state <= #2 ADD_ENTRY2;
ADD_ENTRY2:state <= #2 ADD_ENTRY3;
ADD_ENTRY3:state <= #2 ADD_ENTRY4;
ADD_ENTRY4:begin
    // ============================================================
    //如果待添加表项不存在,加入当前表项
    // ============================================================
    if({hit3,hit2,hit1,hit0} == 4'b0000) state <= #2 ADD_ENTRY5_1;
    // ============================================================
    //如果当前表项已经存在,更新其匹配结果
    // ============================================================
    else state <= #2 ADD_ENTRY5_2;
    end
ADD_ENTRY5_1:begin
    // ============================================================
    //如果待添加表项不存在,并且4个哈希桶均已经被占用,则 add_nak 置1,表示添加失
    //败,否则 add_ack 置1,表示添加成功
    // ============================================================
    casex({item_valid3,item_valid2,item_valid1,item_valid0})
    4'b1111: add_nak <= #2 1;
    4'bxxx0: begin
        add_ack <= #2 1;
        add_nak <= #2 0;
        key_ram_din_0     <= #2 {16'h8000,add_key[127:0]};
        key_ram_wr_0      <= #2 1;
```

```
                    result_ram_din_0    <= #2 add_result[143:0];
                    result_ram_wr_0     <= #2 1;
                    end
            4'bxx01:begin
                    add_ack  <= #2 1;
                    add_nak  <= #2 0;
                    key_ram_din_1       <= #2 {16'h8000,add_key[127:0]};
                    key_ram_wr_1        <= #2 1;
                    result_ram_din_1    <= #2 add_result[143:0];
                    result_ram_wr_1     <= #2 1;
                    end
            4'bx011:begin
                    add_ack  <= #2 1;
                    add_nak  <= #2 0;
                    key_ram_din_2       <= #2 {16'h8000,add_key[127:0]};
                    key_ram_wr_2        <= #2 1;
                    result_ram_din_2    <= #2 add_result[143:0];
                    result_ram_wr_2     <= #2 1;
                    end
            4'b0111:begin
                    add_ack  <= #2 1;
                    add_nak  <= #2 0;
                    key_ram_din_3       <= #2 {16'h8000,add_key[127:0]};
                    key_ram_wr_3        <= #2 1;
                    result_ram_din_3    <= #2 add_result[143:0];
                    result_ram_wr_3     <= #2 1;
                    end
            default:begin
                    add_ack  <= #2 0;
                    add_nak  <= #2 0;
                    end
            endcase
            state<= #2 WAIT;
            end
// ==============================================================
//如果当前表项已经存在,确定其具体所在哈希桶,更新其匹配结果
// ==============================================================
ADD_ENTRY5_2:begin
    casex({hit3,hit2,hit1,hit0})
    4'bxxx1: begin
            add_ack  <= #2 1;
            add_nak  <= #2 0;
            result_ram_din_0  <= #2 add_result[143:0];
            result_ram_wr_0   <= #2 1;
            end
    4'bxx10:begin
            add_ack  <= #2 1;
            add_nak  <= #2 0;
            result_ram_din_1  <= #2 add_result[143:0];
            result_ram_wr_1   <= #2 1;
            end
    4'bx100:begin
            add_ack  <= #2 1;
            add_nak  <= #2 0;
```

```
                    result_ram_din_2  <= #2 add_result[143:0];
                    result_ram_wr_2   <= #2 1;
                    end
                4'b1000:begin
                    add_ack   <= #2 1;
                    add_nak   <= #2 0;
                    result_ram_din_3  <= #2 add_result[143:0];
                    result_ram_wr_3   <= #2 1;
                    end
                default:begin
                    add_ack   <= #2 0;
                    add_nak   <= #2 0;
                    end
                endcase
                state      <= #2 WAIT;
                end
// ================================================================
//下面的状态进行表项清除操作
//CLR_ENTRY1、CLR_ENTRY2、CLR_ENTRY3 用于等待数据从 KEY 存储器中被读出、寄存和比较
// ================================================================
CLR_ENTRY1:state <= #2 CLR_ENTRY2;
CLR_ENTRY2:state <= #2 CLR_ENTRY3;
CLR_ENTRY3:state <= #2 CLR_ENTRY4;
CLR_ENTRY4:begin
    clear_ack <= #2 1;
    if(hit0)begin
        key_ram_din_0 <= #2 144'b0;
        key_ram_wr_0 <= #2 1;
        end
    if(hit1)begin
        key_ram_din_1 <= #2 144'b0;
        key_ram_wr_1 <= #2 1;
        end
    if(hit2)begin
        key_ram_din_2 <= #2 144'b0;
        key_ram_wr_2 <= #2 1;
        end
    if(hit3)begin
        key_ram_din_3 <= #2 144'b0;
        key_ram_wr_3 <= #2 1;
        end
    state <= #2 WAIT;
    end
// ================================================================
//INIT 状态用于对关键字存储器进行初始化,将其全部写入 0,表示所有表项均无效,可以使用
// ================================================================
INIT:begin
    key_ram_addr_0 <= #2 key_ram_addr_0 + 1;
    key_ram_addr_1 <= #2 key_ram_addr_1 + 1;
    key_ram_addr_2 <= #2 key_ram_addr_2 + 1;
    key_ram_addr_3 <= #2 key_ram_addr_3 + 1;
    if( key_ram_addr_0 < 4095) begin
        key_ram_wr_0     <= #2 1;
        key_ram_wr_1     <= #2 1;
```

```
                    key_ram_wr_2     <= #2 1;
                    key_ram_wr_3     <= #2 1;
                    end
                else begin
                    key_ram_wr_0     <= #2 0;
                    key_ram_wr_1     <= #2 0;
                    key_ram_wr_2     <= #2 0;
                    key_ram_wr_3     <= #2 0;
                    key_ram_init     <= #2 0;
                    state            <= #2 IDLE;
                    end
                end
        // ==============================================================
        //WAIT 状态用于等待一个时钟周期,供外部电路清除各请求信号
        // ==============================================================
        WAIT:state <= #2 IDLE;
        endcase
        end
always @( * )begin
    hit0 = (hit_key[127:0] == key_ram_dout_0_reg[127:0]) & item_valid0;
    hit1 = (hit_key[127:0] == key_ram_dout_1_reg[127:0]) & item_valid1;
    hit2 = (hit_key[127:0] == key_ram_dout_2_reg[127:0]) & item_valid2;
    hit3 = (hit_key[127:0] == key_ram_dout_3_reg[127:0]) & item_valid3;
    end
assign item_valid0 = key_ram_dout_0_reg[143];
assign item_valid1 = key_ram_dout_1_reg[143];
assign item_valid2 = key_ram_dout_2_reg[143];
assign item_valid3 = key_ram_dout_3_reg[143];
// ==================================================================
//下面的存储器为静态 RAM,位宽均为 144 比特,深度均为 4K,即 4096,它们均为调用的 IP 核
// ==================================================================
sram_w144_d4k u_key_ram_0 (
  .clka(clk),
  .wea(key_ram_wr_0),
  .addra(key_ram_addr_0),
  .dina(key_ram_din_0),
  .douta(key_ram_dout_0)
);
sram_w144_d4k u_key_ram_1 (
  .clka(clk),
  .wea(key_ram_wr_1),
  .addra(key_ram_addr_1),
  .dina(key_ram_din_1),
  .douta(key_ram_dout_1)
);
sram_w144_d4k u_key_ram_2 (
  .clka(clk),
  .wea(key_ram_wr_2),
  .addra(key_ram_addr_2),
  .dina(key_ram_din_2),
  .douta(key_ram_dout_2)
```

```
  );
  sram_w144_d4k u_key_ram_3 (
    .clka(clk),
    .wea(key_ram_wr_3),
    .addra(key_ram_addr_3),
    .dina(key_ram_din_3),
    .douta(key_ram_dout_3)
  );
  sram_w144_d4k u_result_sram_0 (
    .clka(clk),
    .wea(result_ram_wr_0),
    .addra(result_ram_addr_0),
    .dina(result_ram_din_0),
    .douta(result_ram_dout_0)
  );
  sram_w144_d4k u_result_sram_1 (
    .clka(clk),
    .wea(result_ram_wr_1),
    .addra(result_ram_addr_1),
    .dina(result_ram_din_1),
    .douta(result_ram_dout_1)
  );
  sram_w144_d4k u_result_sram_2 (
    .clka(clk),
    .wea(result_ram_wr_2),
    .addra(result_ram_addr_2),
    .dina(result_ram_din_2),
    .douta(result_ram_dout_2)
  );
  sram_w144_d4k u_result_sram_3 (
    .clka(clk),
    .wea(result_ram_wr_3),
    .addra(result_ram_addr_3),
    .dina(result_ram_din_3),
    .douta(result_ram_dout_3)
  );
  endmodule
```

对于 hash_4_bucket 设计代码,需要注意以下几点:

(1) 这里的 KEY 位宽为 128 比特,实际应用时,用户待匹配的 KEY 不需要 128 比特,可以在高位补 0,使本电路具有更高的灵活性,支持不同位宽的关键字。另外,本设计中实际使用的关键字存储器位宽为 144 比特,在电路内部可以使用这 16 比特,本电路中,最高位用于指示当前关键字(表项)是否有效,为 1 时表示表项有效,为 0 时表示表项为空,可以用于添加关键字。

(2) 针对表项匹配、添加和删除操作,都分别增加了等待状态,用于等待数据从 KEY 存储器中被读出、寄存和比较。

(3) 本电路中,KEY 的哈希值由外部电路提供,便于用户灵活地选取生成哈希值使用的哈希函数。

3.3　多级流表电路设计与分析

在 SDN 交换机中,需要使用多级流表针对不同的关键字进行匹配,确定一个分组的转发操作。多级流表有多种实现方案,最为常见的是将多个独立的匹配电路(如 hash_4_bucket)串联,采用流水线方式对不同的关键字进行匹配。此外,多级流表通常是有优先级的,可以采用优先级从高到低的方式进行匹配,如果高优先级的流表匹配成功,可以不再匹配低优先级的流表。

采用多个独立匹配电路串联构建流表电路时,由于采用流水线方式,流表电路的处理能力强,吞吐率大,但硬件资源消耗大,电路中的存储资源使用率分布不均衡。下面给出的是一个 4 级流表电路,其只采用了一个 hash_4_bucket 电路加以实现,其在关键字中添加了流表级数标记,作为待匹配关键字的一部分。在表项添加时,通过流表级数标记指出当前表项属于哪一级流表的表项;在流表匹配时,需要明确当前要匹配哪一级流表并添加流表级数标记。

图 3-5 是一个采用 hash_4_bucket 电路实现的 4 级流表电路符号图,表 3-2 给出了 4 级流表电路的端口定义,其实现多级流表的具体方式见代码注释。

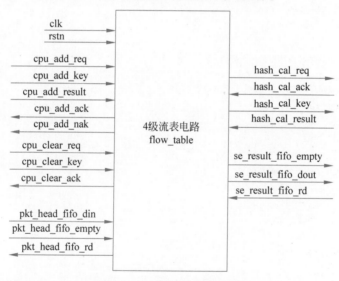

图 3-5　4 级流表电路符号图

表 3-2　4 级流表电路的端口定义

端口名称	I/O 类型	位宽/比特	含　　义
clk	input	1	系统时钟
rstn	input	1	系统复位信号,低电平有效
cpu_add_req	input	1	来自外部处理器的流表表项添加请求
cpu_add_ack	output	1	流表表项添加成功应答
cpu_add_nak	output	1	流表表项添加失败应答
cpu_add_key	input	128	所添加流表表项的关键字
cpu_add_result	input	144	所添加流表表项的匹配结果
cpu_clear_req	input	1	流表表项清除请求

端口名称	I/O 类型	位宽/比特	含 义
cpu_clear_ack	input	1	流表表项清除完成应答
cpu_clear_key	output	128	待清除流表表项关键字
pkt_head_fifo_rd	output	1	此处假定外部电路存在一个 FIFO,其中存储的是 1 个分组的头部信息。以以太网为例,可以包括 MAC 头、IP 头、UDP 头等。此信号为 FIFO 的读信号
pkt_head_fifo_din	input	72	从外部 FIFO 读入的分组头信息
pkt_head_fifo_empty	input	1	外部 FIFO "空"指示信号
hash_cal_req	output	1	本电路提取出待匹配关键字后,提供给外部电路进行哈希值计算,使电路具有更高的通用性,此为提供给外部电路的哈希值计算请求信号
hash_cal_ack	input	1	外部电路完成哈希值计算后,通过此信号予以应答,此信号为高电平表示计算完成,当前的 hash_cal_result 值为有效计算结果
hash_cal_key	output	128	本电路提取出的待匹配关键字,供外部电路计算哈希值
hash_cal_result	input	16	外部电路根据待匹配关键字计算得到的哈希值
se_result_fifo_rd	input	1	在本电路内部,匹配结果被写入 FIFO 中,此为该 FIFO 的读信号
se_result_fifo_empty	output	1	此为存储匹配结果的 FIFO 的"空"指示信号,高电平表示 FIFO 为"空"
se_result_fifo_dout	output	144	此为存储匹配结果的 FIFO 的数据输出信号

下面是 4 级流表电路的设计代码。

```
module flow_table(
input                       clk,
input                       rstn,
// ================================================================
//下面的端口供上级电路在某级流表中添加表项和删除表项
// ================================================================
input                       cpu_add_req,
output    reg               cpu_add_ack,
output    reg               cpu_add_nak,
input          [127:0]      cpu_add_key,
input          [143:0]      cpu_add_result,
input                       cpu_clear_req,
output    reg               cpu_clear_ack,
input          [127:0]      cpu_clear_key,
// ================================================================
//下面的端口提供待匹配的分组头,此处包括以太网、IP、TCP/UDP 分组头
// ================================================================
output    reg               pkt_head_fifo_rd,
input          [71:0]       pkt_head_fifo_din,
input                       pkt_head_fifo_empty,
// ================================================================
//下面的端口与哈希值计算电路连接,以请求－应答方式工作,输出 KEY 值,返回位宽为 16 比特的哈希值
```

```
//=================================================================
output    reg                hash_cal_req,
output    reg    [127:0]     hash_cal_key,
input                        hash_cal_ack,
input            [15:0]      hash_cal_result,
//=================================================================
//下面的端口用于输出匹配结果。匹配结果被写入电路内部的 FIFO 中,供外部电路读出
//=================================================================
input                        se_result_fifo_rd,
output                       se_result_fifo_empty,
output           [143:0]     se_result_fifo_dout
);
//状态机的工作状态及其编码
parameter    IDLE              = 5'd0 ,
             HASH_CAL          = 5'd1 ,
             ADD_ENTRY         = 5'd2 ,
             CLR_ENTRY         = 5'd3 ,
             READ_HEAD1        = 5'd4 ,
             READ_HEAD2        = 5'd5 ,
             READ_HEAD3        = 5'd6 ,
             READ_HEAD4        = 5'd7 ,
             READ_HEAD5        = 5'd8 ,
             READ_HEAD6        = 5'd9 ,
             READ_HEAD7        = 5'd10 ,
             MATCH_KEY3_1      = 5'd11 ,
             MATCH_KEY3_2      = 5'd12 ,
             MATCH_KEY3_3      = 5'd13 ,
             MATCH_KEY2_1      = 5'd14 ,
             MATCH_KEY2_2      = 5'd15 ,
             MATCH_KEY2_3      = 5'd16 ,
             MATCH_KEY1_1      = 5'd17 ,
             MATCH_KEY1_2      = 5'd18 ,
             MATCH_KEY1_3      = 5'd19 ,
             MATCH_KEY0_1      = 5'd20 ,
             MATCH_KEY0_2      = 5'd21 ,
             MATCH_KEY0_3      = 5'd22 ,
             WAIT              = 5'd23 ;
//下面是电路内部与 hash_4_bucket 端口相连的寄存器和信号
reg                add_req;
wire               add_ack;
wire               add_nak;
reg     [127:0]    add_key;
wire    [143:0]    add_result;
reg     [11:0]     add_hash;
reg                clear_req;
wire               clear_ack;
reg     [127:0]    clear_key;
reg     [11:0]     clear_hash;
reg                se_req;
wire               se_ack;
wire               se_nak;
reg     [11:0]     se_hash;
wire    [143:0]    se_result;
assign             add_result = cpu_add_result;
```

```verilog
//下面是与存储匹配结果的 FIFO 相连接的寄存器和信号
reg                     se_result_fifo_wr;
reg        [143:0]      se_result_fifo_din;
//下面的寄存器用于存储分组头中的各个字段,注意,pkt_head_fifo_din 中,
//高字节在低位
reg        [7:0]        da0, da1, da2, da3, da4, da5,  //用于存储目的 MAC 地址
                        sa0, sa1, sa2, sa3, sa4, sa5,  //用于存储源 MAC 地址
                        t0 , t1 ,                      //用于存储 MAC 帧的类型字段
                        w00, w01, w02, w03,            //用于存 IP 头的第 1 个 32 位字
                        w10, w11, w12, w13,            //用于存 IP 头的第 2 个 32 位字
                        w20, w21, w22, w23,            //用于存 IP 头的第 3 个 32 位字
                        w30, w31, w32, w33,            //用于存 IP 头的源 IP 地址
                        w40, w41, w42, w43,            //用于存 IP 头的目的 IP 地址
                        t00, t01, t02, t03,            //用于存 TCP/UDP 头的第 1 个 32 位字
                        t10, t11, t12, t13,            //用于存 TCP/UDP 头的第 2 个 32 位字
                        t20, t21, t22, t23,            //用于存 TCP 头的第 3 个 32 位字
                        t30, t31, t32, t33,            //用于存 TCP 头的第 4 个 32 位字
                        t40, t41, t42, t43;            //用于存 TCP 头的第 5 个 32 位字
// ================================================================
//进行流表匹配时,需要根据输入分组头的信息生成每一级流表的关键字,此处定义了 4 个关键字,
//其中流表 0 针对目的 IP 地址进行匹配,流表 1 针对源 IP 地址进行匹配,流表 2 同时针对源 IP 地址
//和目的 IP 地址进行匹配,流表 3 针对 IP 头部的协议类型字段、目的 IP 地址、源 IP 地址、UDP 源端
//口号、UDP 目的端口号进行匹配。其中流表 0 优先级最低,流表 3 优先级最高
// ================================================================
//se_key0: 流表 0 的关键字,只包括目的 IP 地址;
//se_key0 中最高的 8 位取值为 8'b0,表示流表 0
reg        [127:0]  se_key;
wire       [127:0]  se_key0;
assign     se_key0 = {8'b0,88'b0,w43,w42,w41,w40};
//se_key1: 流表 1 的关键字,只包括源 IP 地址;
//se_key1 中最高的 8 位取值为 8'b1,表示流表 1
wire       [127:0]  se_key1;
assign     se_key1 = {8'b1,88'b0,w33,w32,w31,w30};
//se_key2: 流表 2 的关键字,包括目的 IP 地址和源 IP 地址
//se_key2 中最高的 8 位取值为 8'b10,表示流表 2
wire       [127:0]  se_key2;
assign     se_key2 = {8'b10,56'b0,w43,w42,w41,w40,w33,w32,w31,w30};
//se_key3: 流表 3 的关键字,包括 IP 头部的协议类型字段、目的 IP 地址、源 IP 地址、TCP/UDP 源端口号、
//TCP/UDP 目的端口号
//se_key3 中最高的 8 位取值为 8'b11,表示流表 3
wire       [127:0]  se_key3;
assign     se_key3 = {8'b11,16'b0,w22,w43,w42,w41,w40,w33,w32,w31,w30,t03,t02,t01,t00};
reg        [5:0]    state;
always @(posedge clk or negedge rstn)
    if(!rstn) begin
        // ================================================================
        //下面的代码用于给电路中的寄存器赋初始值
        // ================================================================
        state               <= #2 IDLE;
        cpu_add_ack          <= #2 0;
        cpu_clear_ack        <= #2 0;
        add_req              <= #2 0;
        clear_req            <= #2 0;
        clear_key            <= #2 0;
```

```
            hash_cal_req       <= #2 0;
            hash_cal_key       <= #2 0;
            pkt_head_fifo_rd   <= #2 0;
            se_result_fifo_wr  <= #2 0;
            se_req             <= #2 0;
        end
    else begin
        // ============================================================
        //下面的赋值语句是每个时钟上升沿出现时进行的默认操作,在状态机中,有些寄存器会
        //进行再次赋值,决定最终的赋值结果
        // ============================================================
        cpu_clear_ack      <= #2 0;
        cpu_add_ack        <= #2 0;
        cpu_add_nak        <= #2 0;
        se_result_fifo_wr  <= #2 0;
        case(state)
        IDLE:begin
            if(cpu_add_req)begin
                hash_cal_req   <= #2 1;
                hash_cal_key   <= #2 cpu_add_key;
                state          <= #2 HASH_CAL;
                end
            else if(cpu_clear_req)begin
                hash_cal_req   <= #2 1;
                hash_cal_key   <= #2 cpu_clear_key;
                state          <= #2 HASH_CAL;
                end
            else if(!pkt_head_fifo_empty) begin
                pkt_head_fifo_rd<= #2 1;
                state          <= #2 READ_HEAD1;
                end
            end
        HASH_CAL:begin
            if(hash_cal_ack) begin
                hash_cal_req   <= #2 0;
                if(cpu_add_req) begin
                    add_req     <= #2 1;
                    add_key     <= #2 cpu_add_key;
                    add_hash    <= #2 hash_cal_result[11:0];
                    state       <= #2 ADD_ENTRY;
                    end
                else if(cpu_clear_req) begin
                    clear_req   <= #2 1;
                    clear_key   <= #2 cpu_clear_key;
                    clear_hash  <= #2 hash_cal_result[11:0];
                    state       <= #2 CLR_ENTRY;
                    end
                end
            end
        ADD_ENTRY:begin
            if(add_ack) begin
                add_req      <= #2 0;
                cpu_add_ack  <= #2 1;
                state        <= #2 WAIT;
```

```
              end
       else if(add_nak) begin
           add_req         <= #2 0;
           cpu_add_nak      <= #2 1;
           state            <= #2 WAIT;
           end
       end
CLR_ENTRY:begin
    if(clear_ack) begin
       clear_req        <= #2 0;
       cpu_clear_ack    <= #2 1;
       state            <= #2 WAIT;
       end
    end
// ============================================================
//下面的状态用于将分组头从接口中读出
// ============================================================
READ_HEAD1:begin
    {sa4, sa5, da0, da1, da2, da3, da4, da5}<= #2 pkt_head_fifo_din[63:0];
    state <= #2 READ_HEAD2;
    end
READ_HEAD2:begin
    {w02, w03, t0 , t1 , sa0, sa1, sa2, sa3}<= #2 pkt_head_fifo_din[63:0];
    state <= #2 READ_HEAD3;
    end
READ_HEAD3:begin
    {w22, w23, w10, w11, w12, w13, w00, w01}<= #2 pkt_head_fifo_din[63:0];
    state <= #2 READ_HEAD4;
    end
READ_HEAD4:begin
    {w42, w43, w30, w31, w32, w33, w20, w21}<= #2 pkt_head_fifo_din[63:0];
    state <= #2 READ_HEAD5;
    end
READ_HEAD5:begin
    {t12, t13, t00, t01, t02, t03, w40, w41}<= #2 pkt_head_fifo_din[63:0];
    state <= #2 READ_HEAD6;
    end
READ_HEAD6:begin
    {t32, t33, t20, t21, t22, t23, t10, t11}<= #2 pkt_head_fifo_din[63:0];
    state <= #2 READ_HEAD7;
    end
READ_HEAD7:begin
    { t40, t41, t42, t43, t30, t31}<= #2 pkt_head_fifo_din[47:0];
    pkt_head_fifo_rd<= #2 0;
    state<= #2 MATCH_KEY3_1;
    end
// ============================================================
//下面各状态用于对 se_key3 进行哈希值计算和匹配操作。这里的流表 3 到流表 0,优先
//级逐步降低。注意,se_key3 的最高 8 位为 8'b11,表示对第 3 级流表进行匹配
// ============================================================
MATCH_KEY3_1:begin
    hash_cal_req     <= #2 1;
    hash_cal_key     <= #2 se_key3;
    state            <= #2 MATCH_KEY3_2;
```

```
            end
        MATCH_KEY3_2:begin
            if(hash_cal_ack) begin
                hash_cal_req  <= #2 0;
                se_req        <= #2 1;
                se_key        <= #2 se_key3;
                se_hash       <= #2 hash_cal_result;
                state         <= #2 MATCH_KEY3_3;
                end
            end
        MATCH_KEY3_3:begin
            if(se_ack) begin
                se_req                   <= #2 0;
                se_result_fifo_din[143:0] <= #2 se_result;
                se_result_fifo_wr        <= #2 1;
                state                    <= #2 WAIT;
                end
            else if(se_nak) begin
                se_req                   <= #2 0;
                state                    <= #2 MATCH_KEY2_1;
                end
            end
        // ================================================================
        //下面各状态用于对 se_key2 进行哈希值计算和匹配操作。
        //注意,se_key2 的最高 8 位为 8'b10,表示对第 2 级流表进行匹配
        // ================================================================
        MATCH_KEY2_1:begin
            hash_cal_req  <= #2 1;
            hash_cal_key  <= #2 se_key2;
            state         <= #2 MATCH_KEY2_2;
            end
        MATCH_KEY2_2:begin
            if(hash_cal_ack) begin
                hash_cal_req  <= #2 0;
                se_req        <= #2 1;
                se_key        <= #2 se_key2;
                se_hash       <= #2 hash_cal_result;
                state         <= #2 MATCH_KEY2_3;
                end
            end
        MATCH_KEY2_3:begin
            if(se_ack) begin
                se_req                   <= #2 0;
                se_result_fifo_din[143:0] <= #2 se_result;
                se_result_fifo_wr        <= #2 1;
                state                    <= #2 WAIT;
                end
            else if(se_nak) begin
                se_req                   <= #2 0;
                state                    <= #2 MATCH_KEY1_1;
                end
            end
        // ================================================================
        //下面各状态用于对 se_key1 进行哈希值计算和匹配操作。
```

```
//注意,se_key1 的最高 8 位为 8'b01,表示对第 1 级流表进行匹配
// ================================================================
MATCH_KEY1_1:begin
    hash_cal_req   <= #2 1;
    hash_cal_key   <= #2 se_key1;
    state          <= #2 MATCH_KEY1_2;
    end
MATCH_KEY1_2:begin
    if(hash_cal_ack) begin
        hash_cal_req   <= #2 0;
        se_req         <= #2 1;
        se_key         <= #2 se_key1;
        se_hash        <= #2 hash_cal_result;
        state          <= #2 MATCH_KEY1_3;
        end
    end
MATCH_KEY1_3:begin
    if(se_ack) begin
        se_req                    <= #2 0;
        se_result_fifo_din[143:0] <= #2 se_result;
        se_result_fifo_wr         <= #2 1;
        state                     <= #2 WAIT;
        end
    else if(se_nak) begin
        se_req                    <= #2 0;
        state                     <= #2 MATCH_KEY0_1;
        end
    end
// ================================================================
//下面各状态用于对 se_key0 进行哈希值计算和匹配操作。
//注意,se_key0 的最高 8 位为 8'b00,表示对第 0 级流表进行匹配。如果未匹配成功,将全 0
//写入存储匹配结果的 FIFO
// ================================================================
MATCH_KEY0_1:begin
    hash_cal_req   <= #2 1;
    hash_cal_key   <= #2 se_key0;
    state          <= #2 MATCH_KEY0_2;
    end
MATCH_KEY0_2:begin
    if(hash_cal_ack) begin
        hash_cal_req   <= #2 0;
        se_req         <= #2 1;
        se_key         <= #2 se_key0;
        se_hash        <= #2 hash_cal_result;
        state          <= #2 MATCH_KEY0_3;
        end
    end
MATCH_KEY0_3:begin
    if(se_ack) begin
        se_req                    <= #2 0;
        se_result_fifo_din[143:0] <= #2 se_result;
        se_result_fifo_wr         <= #2 1;
        state                     <= #2 WAIT;
        end
```

```
                    else if(se_nak) begin
                        se_req                    <= #2 0;
                        se_result_fifo_din[143:0]  <= #2 144'b0;
                        se_result_fifo_wr          <= #2 1;
                        state                      <= #2 WAIT;
                        end
                end
            WAIT: state <= #2 IDLE;
            endcase
        end
    // ================================================================
    //下面是例化的 hash_4_bucket 和用于存储匹配结果的 FIFO
    // ================================================================
    hash_4_bucket u_hash_4_bucket(
        .clk           (clk            ),
        .rstn          (rstn           ),
        .clear_req     (clear_req      ),
        .clear_ack     (clear_ack      ),
        .clear_key     (clear_key      ),
        .clear_hash    (clear_hash     ),
        .add_req       (add_req        ),
        .add_ack       (add_ack        ),
        .add_nak       (add_nak        ),
        .add_key       (add_key        ),
        .add_result    (add_result     ),
        .add_hash      (add_hash       ),
        .se_key        (se_key         ),
        .se_hash       (se_hash        ),
        .se_req        (se_req         ),
        .se_ack        (se_ack         ),
        .se_nak        (se_nak         ),
        .se_result     (se_result)
    );
    sfifo_ft_w144_d512 u_result_fifo (
      .clk(clk),                            // input wire clk
      .srst(!rstn),                         // input wire srst
      .din(se_result_fifo_din),             // input wire [143 : 0] din
      .wr_en(se_result_fifo_wr),            // input wire wr_en
      .rd_en(se_result_fifo_rd),            // input wire rd_en
      .dout(se_result_fifo_dout),           // output wire [143 : 0] dout
      .full(),                              // output wire full
      .empty(se_result_fifo_empty),         // output wire empty
      .data_count()                         // output wire [9 : 0] data_count
    );
    endmodule
```

下面是 4 级流表电路的仿真代码。

```
module flow_table_tb;
reg               clk  ;
reg               rstn;
reg               cpu_add_req;
wire              cpu_add_ack;
wire              cpu_add_nak;
reg     [127:0]   cpu_add_key;
```

```verilog
reg      [143:0]   cpu_add_result;
reg                cpu_clear_req;
wire               cpu_clear_ack;
reg      [127:0]   cpu_clear_key;
wire               hash_cal_req;
wire     [127:0]   hash_cal_key;
reg                hash_cal_ack;
reg      [15:0]    hash_cal_result;
reg                se_result_fifo_rd;
wire               se_result_fifo_empty;
wire     [143:0]   se_result_fifo_dout ;
reg                pkt_head_fifo_wr;
reg      [71:0]    pkt_head_fifo_din;
wire               pkt_head_fifo_rd;
wire     [71:0]    pkt_head_fifo_dout;
wire               pkt_head_fifo_empty;
//产生仿真时钟,周期为10ns
always #5 clk = ~clk;
initial begin
    clk = 0;
    rstn = 0;
    cpu_add_req = 0;
    cpu_add_key = 0;
    cpu_add_result = 0;
    cpu_clear_req = 0;
    cpu_clear_key = 0;
    pkt_head_fifo_din = 0;
    pkt_head_fifo_wr = 0;
    hash_cal_ack = 0;
    hash_cal_result = 0;
    se_result_fifo_rd = 0;
    #100;
    rstn = 1;
    #50_000;
    //添加4个表项,分属4级流表
    add_entry (   4'b0001,32'hc0a80101,32'hc0a80201,16'h9998,16'h9999,8'h11,
              144'hffff_f0f1f2f3f4f5f6f7f8f9fafbfcfd0001);
    #1000;
    add_entry    (4'b0010,32'hc0a80102,32'hc0a80202,16'h9998,16'h9999,8'h11,
              144'hffff_f0f1f2f3f4f5f6f7f8f9fafbfcfd0002);
    #1000;
    add_entry    (4'b0100,32'hc0a80103,32'hc0a80203,16'h9998,16'h9999,8'h11,
              144'hffff_f0f1f2f3f4f5f6f7f8f9fafbfcfd0003);
    #1000;
    add_entry    (4'b1000,32'hc0a80104,32'hc0a80204,16'h9998,16'h9999,8'h11,
              144'hffff_f0f1f2f3f4f5f6f7f8f9fafbfcfd0004);
    #1000;
    //发送一个分组头,符合匹配流表4的条件
    send_pkt_head(   48'h000102030405,        //目的 MAC 地址
                     48'h101112131415,        //源 MAC 地址
                     16'h0008,                //帧类型字段
                     32'h64010045,            //IP 头 word0
                     32'h02031100,            //IP 头 word1
                     32'h23221120,            //IP 头 word2
```

```
                        32'h0402a8c0,                    //IP 头 word3,源 IP 地址
                        32'h0401a8c0,                    // IP 头 word4,目的 IP 地址
                        32'h99999899,                    //TCP/UDP 头 word0
                        32'h63626160,                    // TCP/UDP 头 word1
                        32'h73727170,                    // TCP/UDP 头 word2
                        32'h83828180,                    // TCP/UDP 头 word3
                        32'h93929190);                   // TCP/UDP 头 word4
        //发送一个分组头,符合匹配流表 3 的条件
        #100;
        send_pkt_head(    48'h000102030405,
                          48'h101112131415,
                          16'h0008,
                          32'h64010045,
                          32'h02031100,
                          32'h23221120,
                          32'h0302a8c0,
                          32'h0301a8c0,
                          32'h01020304,
                          32'h63626160,
                          32'h73727170,
                          32'h83828180,
                          32'h93929190);
        //发送一个分组头,符合匹配流表 2 的条件
        #100;
        send_pkt_head(    48'h000102030405,
                          48'h101112131415,
                          16'h0008,
                          32'h64010045,
                          32'h02031100,
                          32'h23221120,
                          32'h0202a8c0,
                          32'h0a01a8c0,
                          32'h01020304,
                          32'h63626160,
                          32'h73727170,
                          32'h83828180,
                          32'h93929190);
        //发送一个分组头,符合匹配流表 1 的条件
        #100;
        send_pkt_head(    48'h000102030405,
                          48'h101112131415,
                          16'h0008,
                          32'h64010045,
                          32'h02031100,
                          32'h23221120,
                          32'h1202a8c0,
                          32'h0101a8c0,
                          32'h01020304,
                          32'h63626160,
                          32'h73727170,
                          32'h83828180,
                          32'h93929190);
        #10000;
        //清除已添加的 4 个表项
```

```verilog
        clear_entry  (4'b0001,32'hc0a80101,32'hc0a80201,16'h9998,16'h9999,8'h11);
        #1000;
        clear_entry  (4'b0010,32'hc0a80102,32'hc0a80202,16'h9998,16'h9999,8'h11);
        #1000;
        clear_entry  (4'b0100,32'hc0a80103,32'hc0a80203,16'h9998,16'h9999,8'h11);
        #1000;
        clear_entry  (4'b1000,32'hc0a80104,32'hc0a80204,16'h9998,16'h9999,8'h11);
        end
//进行表项添加的任务
task add_entry;
input    [3:0]      add_req;
input    [31:0]     dip;
input    [31:0]     sip;
input    [15:0]     dport;
input    [15:0]     sport;
input    [7:0]      pro_type;
input    [143:0]    result;
reg      [127:0]    key;
begin
    repeat(1)@(posedge clk);
    #2;
    key = 0;
    if(add_req[0])        key[127:0] = {8'b0,88'b0,dip};
    else if(add_req[1])   key[127:0] = {8'b1,88'b0,sip};
    else if(add_req[2])   key[127:0] = {8'b10,56'b0,dip,sip};
    else if(add_req[3])   key[127:0] = {8'b11,16'b0,pro_type[7:0],dip,sip,dport,sport};
    cpu_add_req           = 1;
    cpu_add_key           = key;
    cpu_add_result        = result;
    while(!cpu_add_ack) repeat(1)@(posedge clk);
    #2;
    cpu_add_req           = 0;
    cpu_add_key           = 128'b0;
    cpu_add_result        = 144'b0;
    end
endtask
//进行表项清除的任务
task clear_entry;
input    [3:0]      clr_req;
input    [31:0]     dip;
input    [31:0]     sip;
input    [15:0]     dport;
input    [15:0]     sport;
input    [7:0]      pro_type;
reg      [127:0]    key;
begin
    repeat(1)@(posedge clk);
    #2;
    key = 0;
    #2
    if       (clr_req[0])  key[127:0] = {8'b0,88'b0,dip};
    else if  (clr_req[1])  key[127:0] = {8'b1,88'b0,sip};
    else if  (clr_req[2])  key[127:0] = {8'b10,56'b0,dip,sip};
    else if  (clr_req[3])  key = {8'b11,16'b0,pro_type[7:0],dip,sip,dport,sport};
```

```
        repeat(1)@(posedge clk);
        #2;
        cpu_clear_req = 1;
        cpu_clear_key = key;
        while(!cpu_clear_ack) repeat(1)@(posedge clk);
        #2;
        cpu_clear_req = 0;
        cpu_clear_key = 144'b0;
        end
    endtask
//发送待匹配分组头的任务
task send_pkt_head;
input    [47:0]    da;
input    [47:0]    sa;
input    [15:0]    len_type;
input    [31:0]    w0;
input    [31:0]    w1;
input    [31:0]    w2;
input    [31:0]    w3;
input    [31:0]    w4;
input    [31:0]    t0;
input    [31:0]    t1;
input    [31:0]    t2;
input    [31:0]    t3;
input    [31:0]    t4;
begin
    repeat(1)@(posedge clk);
    #2;
    pkt_head_fifo_din = {8'hff,sa[15:0],da[47:0]};
    pkt_head_fifo_wr = 1;
    repeat(1)@(posedge clk);
    #2;
    pkt_head_fifo_din = {8'hff,w0[15:0],len_type[15:0],sa[47:16]};
    repeat(1)@(posedge clk);
    #2;
    pkt_head_fifo_din = {8'hff,w2[15:0],w1[31:0],w0[31:16]};
    repeat(1)@(posedge clk);
    #2;
    pkt_head_fifo_din = {8'hff,w4[15:0],w3[31:0],w2[31:16]};
    repeat(1)@(posedge clk);
    #2;
    pkt_head_fifo_din = {8'hff,t1[15:0],t0[31:0],w4[31:16]};
    repeat(1)@(posedge clk);
    #2;
    pkt_head_fifo_din = {8'hff,t3[15:0],t2[31:0],t1[31:16]};
    repeat(1)@(posedge clk);
    #2;
    pkt_head_fifo_din = {8'hff,16'h0,t4[31:0],t3[31:16]};
    repeat(1)@(posedge clk);
    #2;
    pkt_head_fifo_din = 72'h0;
    pkt_head_fifo_wr = 0;
    repeat(1)@(posedge clk);
    end
```

```
endtask
//计算哈希值的任务,为了便于仿真分析,这里直接截取了关键字的低16位作为哈希值
task hash_cal;
begin
    repeat(1)@(posedge clk);
    #2;
    while (!hash_cal_req)repeat(1)@(posedge clk);
    repeat(5)@(posedge clk);
    #2;
    hash_cal_ack = 1;
    hash_cal_result = hash_cal_key[15:0];
    repeat(1)@(posedge clk);
    #2;
    hash_cal_ack = 0;
    repeat(1)@(posedge clk);
    end
endtask
//计算哈希值的任务始终处于运行状态
always hash_cal;
//在 testbench 中存储分组头的 FIFO
sfifo_ft_w72_d1k u_pkt_head_fifo (
  .clk(clk),                          // input wire clk
  .srst(!rstn),                       // input wire rst
  .din(pkt_head_fifo_din),            // input wire [71 : 0] din
  .wr_en(pkt_head_fifo_wr),           // input wire wr_en
  .rd_en(pkt_head_fifo_rd),           // input wire rd_en
  .dout(pkt_head_fifo_dout),          // output wire [71 : 0] dout
  .full(),                            // output wire full
  .empty(pkt_head_fifo_empty),        // output wire empty
  .data_count()                       // output wire [10 : 0] data_count
);
flow_table u_flow_table_4(
    .clk            (clk            ),
    .rstn           (rstn           ),
    .cpu_add_req    (cpu_add_req    ),
    .cpu_add_ack    (cpu_add_ack    ),
    .cpu_add_nak    (cpu_add_nak    ),
    .cpu_add_key    (cpu_add_key    ),
    .cpu_add_result (cpu_add_result ),
    .cpu_clear_req  (cpu_clear_req  ),
    .cpu_clear_ack  (cpu_clear_ack  ),
    .cpu_clear_key  (cpu_clear_key  ),
    .pkt_head_fifo_rd  (pkt_head_fifo_rd   ),
    .pkt_head_fifo_din (pkt_head_fifo_dout ),
    .pkt_head_fifo_empty(pkt_head_fifo_empty),
    .hash_cal_req      (hash_cal_req       ),
    .hash_cal_key      (hash_cal_key       ),
    .hash_cal_ack      (hash_cal_ack       ),
    .hash_cal_result   (hash_cal_result    ),
    .se_result_fifo_rd (se_result_fifo_rd  ),
    .se_result_fifo_empty(se_result_fifo_empty),
    .se_result_fifo_dout(se_result_fifo_dout)
    );
endmodule
```

图 3-6 是针对 4 级流表的表项添加操作的仿真波形,可以看出,cpu_add_req 共发出 4 次表项添加请求,在 cpu_add_ack 有效后,cpu_add_req 清零,添加操作完成。在每次添加操作期间,hash_cal_req 会置 1,进行了哈希值计算请求,并得到了外部提供的计算结果。

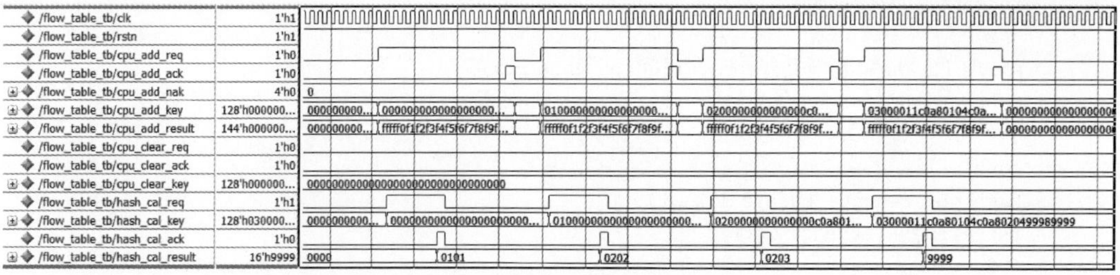

图 3-6 表项添加操作的仿真波形

图 3-7 是进行分组头匹配的仿真波形。根据仿真代码可知,共输入了 4 个分组头,分别对应匹配第 4 级到第 1 级流表。根据仿真波形中的 se_req、se_ack 和 se_nak 可以看出,第一个分组头首先匹配优先级最高的第 4 级流表,匹配成功。第二个分组头首先匹配第 4 级流表,没有匹配成功(se_nak 为 1),然后匹配第 3 级流表,匹配成功(se_ack 为 1)。第三个分组头和第四个分组头的匹配操作与前两个类似,分别在第 2 级和第 1 级流表匹配成功。

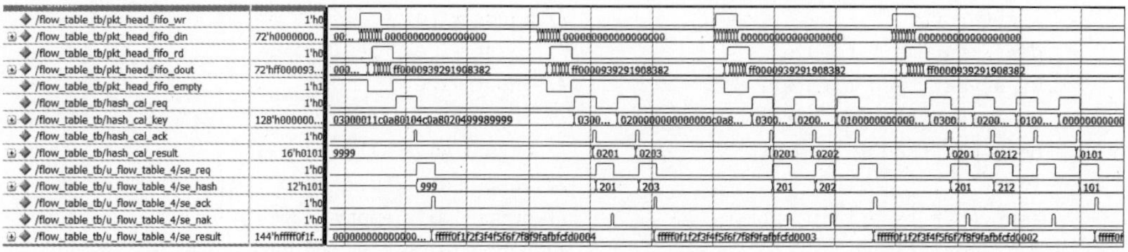

图 3-7 匹配操作的仿真波形

图 3-8 是针对 4 级流表的表项删除操作的仿真波形。与 testbench 相对应,最初添加的 4 个表项均被清除,存储 KEY 的 RAM 都被写入全 0,表示表项已被清除。

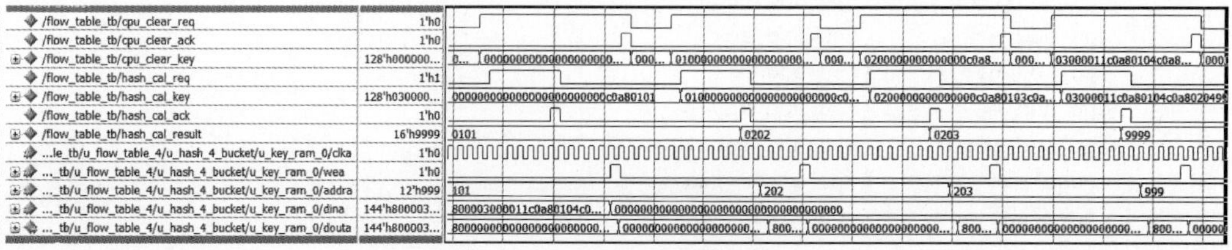

图 3-8 表项删除操作的仿真波形

第4章

典型空分交换单元的原理与设计

Crossbar 是典型的基本交换单元(也称为交换结构),可广泛应用于各种网络设备中,包括以太网交换机和路由器等,也可以作为 IP 核用于各种分布式处理系统中,进行不同处理单元之间的信息交互。Crossbar 具有内部无阻塞、结构简单、可扩展性良好、易于模块化等特点。

4.1 单级 Crossbar 的功能

$N \times N$ 的 Crossbar 交换结构如图 4-1 所示。图中水平线表示输入,垂直线表示输出。一个 $N \times N$ 的 Crossbar 包括 N^2 个交叉点,每个交叉点对应一个输入-输出对。交叉点有两个可能的状态:交叉状态(cross state)或闭合状态(bar state)。若输入端口 i 和输出端口 j 之间需建立连接,则将第 (i,j) 个交叉点设为闭合状态,通路上的其他交叉点保持在交叉状态即可。在同一时刻,Crossbar 交换结构最多允许 N 个交叉点处于闭合状态。另外,随着交换规模的不断增大,Crossbar 交换结构的交叉点数量将按 N^2 关系增长,这会使其实现复杂度快速增加。

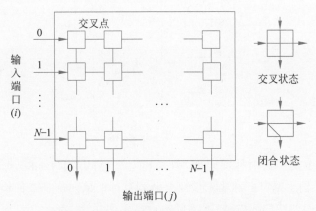

图 4-1 $N \times N$ 的 Crossbar 交换结构示意图

Crossbar 可以用于 ATM 交换机中,也可以用于大容量 IP 交换机或路由器中。用于 ATM 交换机时,其交换的是定长的信元;用于 IP 交换机或路由器中时,其交换的可以是变长的 IP 分组,也可以是将 IP 分组分割得到的定长内部信元。

下面以 ATM 交换机为例加以分析。图 4-2 为一个 4×4 的 Crossbar 的示意图。图中,输入端口 0 的信元将去往输出端口 2,输入端口 1 的信元将去往输出端口 3,输入端口 2 的信元将去往输出端口 0,输入端口 3 的信元将去往输出端口 2。此时,输入端口 1 和 2 的请求没有遇到冲突,都能被满足。输入端口 0 和 3 的请求之间存在冲突,如图中的标注所示,只能有一个被输出,另一个需要在入口处等待。

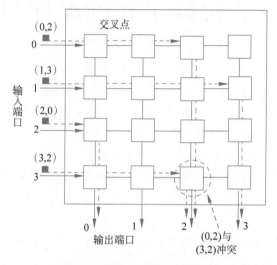

图 4-2 4×4 的 Crossbar 交换结构

Crossbar 交换结构虽然是无阻塞的,但当来自不同输入端口的信元请求去往同一个输出端口时,就会产生输出冲突。为了减少不可避免的内部冲突带来的影响,需要在 Crossbar 的入口处设置先入先出存储器,对到达的分组进行输入排队和临时缓冲,如图 4-3 所示。

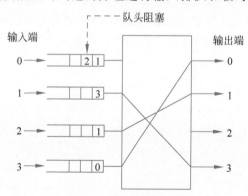

图 4-3 队头阻塞现象

输入排队虽然解决了输出冲突问题,但是还会产生队头(Head-of-Line,HoL)阻塞问题。图 4-3 中,位于输入端口 0 和输入端口 2 队列首部的信元都是去往输出端口 1 的,经过位于输出端口 1 的调度器仲裁后,输入端口 2 得到输出机会。输入端口 0 队列首部的信元只能等待下一轮输出调度。排在该信元后面的信元是去往输出端口 2 的,即使此时输出端口 2 为空闲状态也无法将其输出,这就是队头阻塞问题。队头阻塞现象会严重降低交换网络的吞吐率。

为了提高吞吐性能，虚拟输出排队（Virtual Output Queuing，VOQ）机制被广泛采用。相对于输入排队，采用虚拟输出排队时，在 Crossbar 的每个输入端设置了 N 个队列，存储去往 N 个输出端口的分组。到达输入端的信元按输出端口的不同分别进入不同的 VOQ 中排队。由于每个 VOQ 都可以同时参与调度，故能避免产生队头阻塞。采用 VOQ 虽然可以解决队头阻塞问题，但同时也会使输入队列数量迅速扩大，增加了调度算法的复杂度。

为了提高交换性能，交换结构内部通常会采用较高的加速比，即在一个信元时隙内交换结构针对一个用户端口可以完成 $s(s>1)$ 个信元的传输，s 称为加速比。采用内部加速策略后，到达输入端的信元大多会被迅速转发到目的输出端口。对每个输出端口来说，由于到达速率可能比输出速率大，故要在每个输出端口设置缓存用于排队，这就是输出排队（Output Queuing，OQ）机制。由于可以按需求在输出端口对各个队列中的信元进行调度，故该策略具有较好的 QoS 控制能力。目前，得到广泛应用的还有组合输入输出排队结构（Combined Input Output Queuing，CIOQ），如图 4-4 所示。

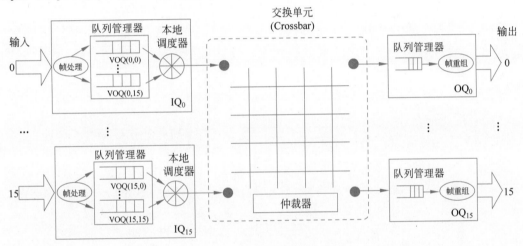

图 4-4　组合输入输出排队结构

需要说明的是，在具体实现 Crossbar 交换结构时，随着交换结构端口规模的增加，交叉点数量迅速增长。Crossbar 经常和不同类型的队列管理器配合使用，构成更为复杂的交换结构。本节设计的 4 端口 Crossbar 电路结构如图 4-5 所示。

图 4-5 中，in_voq_top 位于 Crossbar 的输入端，由两个模块组成。其中，in_queue 根据输入分组头部携带的端口映射位图（portmap）信息，将输入分组写入对应的 VOQ 中；in_arbiter_4_stream 包括两个基本功能，一是负责与 out_arbiter_4_stream 进行输入输出端口匹配，形成输入输出端口之间的最大匹配；二是根据匹配结果从 4 个 VOQ 中选择匹配成功的 VOQ，读出一个数据包并输出。输出端口电路 out_arbiter_4_stream 包括两个基本功能，一是负责与 in_arbiter_4_stream 进行输入输出端口匹配，形成输入输出端口之间的最大匹配；二是根据匹配结果从 4 个 in_voq_top 输入的数据分组中选择匹配成功的输入端口，将输入的数据包选择输出。图中的定序器电路（sequencer），用于产生 4 个 in_arbiter_4_stream 电路和 4 个 out_arbiter_4_stream 电路之间进行多次迭代匹配的控制信号，其中 gsync 为迭代匹配的全局同步信号，其为 1 时，开始一个迭代匹配过程；req_dv 为 1 时，

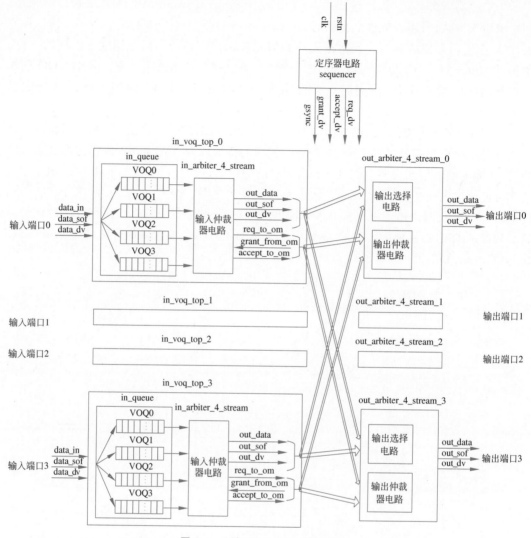

图 4-5　4 端口 Crossbar 电路结构

in_arbiter_4_stream 向输出端口发出"请求"信号；grant_dv 为 1 时，out_arbiter_4_stream 向 in_arbiter_4_stream 发出"确认"信号；accept_dv 为 1 时，in_arbiter_4_stream 发出有效的"接受"信号。在一个匹配周期内，根据 Crossbar 端口数量的不同，可以进行多次迭代匹配，实现输入输出端口之间的最大匹配。

4.2　Crossbar 的电路实现

4.2.1　in_queue 电路的设计与实现

在 Crossbar 的入口处，为了解决队头阻塞问题，需要针对去往每个输出端口的数据帧建立一个队列，这里的 in_queue 电路中包括 4 个简单先入先出队列及输出调度电路。in_queue 电路的符号图如图 4-6 所示。in_queue 电路的端口定义如表 4-1 所示。

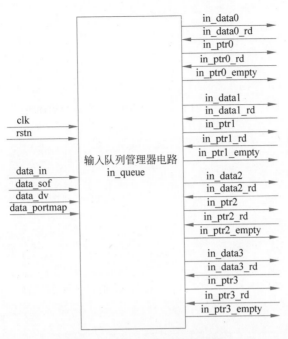

图 4-6　in_queue 电路的符号图

表 4-1　in_queue 电路的端口定义

端 口 名 称	I/O 类型	位宽/比特	含　　义
clk	input	1	系统时钟
rstn	input	1	系统复位,低电平有效
data_sof	input	1	输入数据帧首数据指示,其为 1 时表示 data_in 上出现的是数据帧的首个数据
data_dv	input	1	输入数据有效指示,其为 1 时表示 data_in 上出现的是一个数据帧的有效数据
data_in	input	36	输入数据,与 data_sof 和 data_dv 结合使用
data_portmap	input	4	输出端口映射位图,哪个比特为 1,表示当前分组需要进入哪个 VOQ,如果多个比特为 1,表示同时进入多个 VOQ
in_data0	output	36	去往输出端口 0 的简单队列的数据端口,即 VOQ0 的数据端口。其中,低 32 位为用户数据;高 4 位为字节有效指示位,分别对应 4 字节,1 表示对应字节有效,0 表示对应字节无效
in_data0_rd	input	1	VOQ0 的数据读控制信号
in_ptr0	output	1	VOQ0 的分组指针端口,其给出了 VOQ0 当前待读出分组的长度,此长度以 32 位数为单位
in_ptr0_rd	input	1	VOQ0 的指针读控制信号
in_ptr0_empty	output	1	VOQ0 的指针 FIFO"空"指示信号

端 口 名 称	I/O 类型	位宽/比特	含 义
in_data1 in_data1_rd in_ptr1 in_ptr1_rd in_ptr1_empty	同上	同上	VOQ1 的数据和指针端口,具体定义同上
in_data2 in_data2_rd in_ptr2 in_ptr2_rd in_ptr2_empty	同上	同上	VOQ2 的数据和指针端口,具体定义同上
in_data3 in_data3_rd in_ptr3 in_ptr3_rd in_ptr3_empty	同上	同上	VOQ3 的数据和指针端口,具体定义同上

下面是 in_queue.v 的具体代码。

```
module in_queue(
input        clk,
input              rstn,
input   [35:0] data_in,
input              data_dv,
input              data_sof,
input   [3:0]  data_portmap,
output  [35:0] in_data0,
input              in_data0_rd,
output  [15:0] in_ptr0,
input              in_ptr0_rd,
output             in_ptr0_empty,
output  [35:0] in_data1,
input              in_data1_rd,
output  [15:0] in_ptr1,
input              in_ptr1_rd,
output             in_ptr1_empty,
output  [35:0] in_data2,
input              in_data2_rd,
output  [15:0] in_ptr2,
input              in_ptr2_rd,
output             in_ptr2_empty,
output  [35:0] in_data3,
input              in_data3_rd,
output  [15:0] in_ptr3,
input              in_ptr3_rd,
output             in_ptr3_empty
);
reg     [35:0] data_in_reg;
```

```
reg                     data_wr0;
reg                     data_wr1;
reg                     data_wr2;
reg                     data_wr3;
reg          [15:0]     ptr_din_reg;
reg                     ptr_wr0;
reg                     ptr_wr1;
reg                     ptr_wr2;
reg                     ptr_wr3;
// =====================================================================
//bp0～bp3 是 4 个简单先入先出队列的写入反压控制信号,当数据 FIFO 的剩余数据深度小于一个
//最大帧长时,产生反压信号,新到达的数据帧将被丢弃,不会被写入相应的简单队列中,此处反压
//深度门限取值为 1648,剩余缓冲区空间为 1600 字节
// =====================================================================
wire [11:0]    data_cnt0;
wire           bp0;
assign   bp0 = (data_cnt0 > 1648)?1:0;
wire [11:0]    data_cnt1;
wire           bp1;
assign   bp1 = (data_cnt1 > 1648)?1:0;
wire [11:0]    data_cnt2;
wire           bp2;
assign   bp2 = (data_cnt2 > 1648)?1:0;
wire [11:0]    data_cnt3;
wire           bp3;
assign   bp3 = (data_cnt3 > 1648)?1:0;
reg [1:0]      state;
reg [15:0]     cnt;
always @ (posedge clk or negedge rstn)
    if(!rstn) begin
        state          <= #2 0;
        data_in_reg    <= #2 0;
        data_wr0       <= #2 0;
        data_wr1       <= #2 0;
        data_wr2       <= #2 0;
        data_wr3       <= #2 0;
        ptr_din_reg    <= #2 0;
        ptr_wr0        <= #2 0;
        ptr_wr1        <= #2 0;
        ptr_wr2        <= #2 0;
        ptr_wr3        <= #2 0;
        ptr_din_reg    <= #2 0;
        end
    else begin
        data_in_reg <= #2 data_in;
        if(data_dv) cnt <= #2 cnt + 1;
        else cnt       <= #2 0;
        ptr_wr0        <= #2 0;
        ptr_wr1        <= #2 0;
        ptr_wr2        <= #2 0;
        ptr_wr3        <= #2 0;
        case(state)
        0:begin
            if(data_sof)begin
```

```
                    case(data_portmap)
                    4'b0001: if(!bp0) begin data_wr0 <= #2 1;state <= #2 1;end
                    4'b0010: if(!bp1) begin data_wr1 <= #2 1;state <= #2 1;end
                    4'b0100: if(!bp2) begin data_wr2 <= #2 1;state <= #2 1;end
                    4'b1000: if(!bp3) begin data_wr3 <= #2 1;state <= #2 1;end
                    endcase
                    end
                end
            1:begin
                if(!data_dv) begin
                    ptr_wr0       <= #2 data_wr0;
                    ptr_wr1       <= #2 data_wr1;
                    ptr_wr2       <= #2 data_wr2;
                    ptr_wr3       <= #2 data_wr3;
                    ptr_din_reg   <= #2 cnt;
                    data_wr0 <= #2 0;
                    data_wr1 <= #2 0;
                    data_wr2 <= #2 0;
                    data_wr3 <= #2 0;
                    state     <= #2 2;
                    end
                end
            2:state    <= #2 0;
            endcase
            end
// ========================================================================
//下面是去往输出端口 0 的虚拟输出队列的数据 FIFO 和指针 FIFO,二者均采用 fall_through 模式
// ========================================================================
sfifo_ft_w36_d2k u_data_fifo0 (
  .clk(clk),                            // input wire clk
  .srst(!rstn),                         // input wire srst
  .din(data_in_reg),                    // input wire [35 : 0] din
  .wr_en(data_wr0),                     // input wire wr_en
  .rd_en(in_data0_rd),                  // input wire rd_en
  .dout(in_data0),                      // output wire [35 : 0] dout
  .full(),                              // output wire full
  .empty(),                             // output wire empty
  .data_count(data_cnt0)                // output wire [11 : 0] data_count
);
sfifo_ft_w16_d1k u_ptr_fifo0 (
  .clk(clk),                            // input wire clk
  .srst(!rstn),                         // input wire srst
  .din(ptr_din_reg),                    // input wire [15 : 0] din
  .wr_en(ptr_wr0),                      // input wire wr_en
  .rd_en(in_ptr0_rd),                   // input wire rd_en
  .dout(in_ptr0),                       // output wire [15 : 0] dout
  .full(),                              // output wire full
  .empty(in_ptr0_empty),                // output wire empty
  .data_count()                         // output wire [10 : 0] data_count
);
// ========================================================================
//下面是去往输出端口 1 的虚拟输出队列的数据 FIFO 和指针 FIFO,二者均采用 fall_through 模式
// ========================================================================
sfifo_ft_w36_d2k u_data_fifo1 (
```

```verilog
    .clk(clk),                  // input wire clk
    .srst(!rstn),               // input wire srst
    .din(data_in_reg),          // input wire [35 : 0] din
    .wr_en(data_wr1),           // input wire wr_en
    .rd_en(in_data1_rd),        // input wire rd_en
    .dout(in_data1),            // output wire [35 : 0] dout
    .full(),                    // output wire full
    .empty(),                   // output wire empty
    .data_count(data_cnt1)      // output wire [11 : 0] data_count
);
sfifo_ft_w16_d1k u_ptr_fifo1 (
    .clk(clk),                  // input wire clk
    .srst(!rstn),               // input wire srst
    .din(ptr_din_reg),          // input wire [15 : 0] din
    .wr_en(ptr_wr1),            // input wire wr_en
    .rd_en(in_ptr1_rd),         // input wire rd_en
    .dout(in_ptr1),             // output wire [15 : 0] dout
    .full(),                    // output wire full
    .empty(in_ptr1_empty),      // output wire empty
    .data_count()               // output wire [10 : 0] data_count
);
// ========================================================================
//下面是去往输出端口 2 的虚拟输出队列的数据 FIFO 和指针 FIFO,二者均采用 fall_through 模式
// ========================================================================
sfifo_ft_w36_d2k u_data_fifo2 (
    .clk(clk),                  // input wire clk
    .srst(!rstn),               // input wire srst
    .din(data_in_reg),          // input wire [35 : 0] din
    .wr_en(data_wr2),           // input wire wr_en
    .rd_en(in_data2_rd),        // input wire rd_en
    .dout(in_data2),            // output wire [35 : 0] dout
    .full(),                    // output wire full
    .empty(),                   // output wire empty
    .data_count(data_cnt2)      // output wire [11 : 0] data_count
);
sfifo_ft_w16_d1k u_ptr_fifo2 (
    .clk(clk),                  // input wire clk
    .srst(!rstn),               // input wire srst
    .din(ptr_din_reg),          // input wire [15 : 0] din
    .wr_en(ptr_wr2),            // input wire wr_en
    .rd_en(in_ptr2_rd),         // input wire rd_en
    .dout(in_ptr2),             // output wire [15 : 0] dout
    .full(),                    // output wire full
    .empty(in_ptr2_empty),      // output wire empty
    .data_count()               // output wire [10 : 0] data_count
);
// ========================================================================
//下面是去往输出端口 3 的虚拟输出队列的数据 FIFO 和指针 FIFO,二者均采用 fall_through 模式
// ========================================================================
sfifo_ft_w36_d2k u_data_fifo3 (
    .clk(clk),                  // input wire clk
    .srst(!rstn),               // input wire srst
    .din(data_in_reg),          // input wire [35 : 0] din
    .wr_en(data_wr3),           // input wire wr_en
```

```verilog
    .rd_en(in_data3_rd),                // input wire rd_en
    .dout(in_data3),                    // output wire [35 : 0] dout
    .full(),                            // output wire full
    .empty(),                           // output wire empty
    .data_count(data_cnt3)              // output wire [11 : 0] data_count
);
sfifo_ft_w16_d1k u_ptr_fifo3 (
    .clk(clk),                          // input wire clk
    .srst(!rstn),                       // input wire srst
    .din(ptr_din_reg),                  // input wire [15 : 0] din
    .wr_en(ptr_wr3),                    // input wire wr_en
    .rd_en(in_ptr3_rd),                 // input wire rd_en
    .dout(in_ptr3),                     // output wire [15 : 0] dout
    .full(),                            // output wire full
    .empty(in_ptr3_empty),             // output wire empty
    .data_count()                       // output wire [10 : 0] data_count
);
endmodule
```

此电路的功能较为简单,这里不进行单独的仿真分析。

4.2.2 in_arbiter_4_stream 电路的设计与实现

与 in_queue 电路相连接的是 in_arbiter_4_stream 电路。其基本功能是根据 in_queue 中 4 个队列的状态,与输出端口的调度器进行匹配操作,完成匹配后,将相应 VOQ 中的数据帧读出并发送出去。该电路的符号图如图 4-7 所示。电路端口的具体说明如表 4-2 所示。

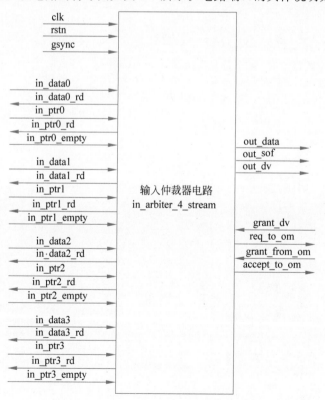

图 4-7 in_arbiter_4_stream 电路的符号图

表 4-2　电路端口的具体说明

端口名称	I/O 类型	位宽/比特	含　义
clk	input	1	系统时钟
rstn	input	1	系统复位,低电平有效
gsync	input	1	全局同步信号,其为 1 时(只保持 1 个时钟周期),Crossbar 入口的仲裁器和出口的仲裁器之间开始进行输入输出端口匹配
in_data0	input	36	VOQ0 数据端口
in_data0_rd	output	1	VOQ0 的数据读控制信号
in_ptr0	output	1	VOQ0 的指针端口,其给出了当前待读出分组的长度,此长度以 32 位数为单位
in_ptr0_rd	output	1	VOQ0 的指针读控制信号
in_ptr0_empty	input	1	VOQ0 的指针缓冲区"空"指示信号
in_data1 in_data1_rd in_ptr1 in_ptr1_rd in_ptr1_empty	同上	同上	VOQ1 数据与指针端口,具体定义同上
in_data2 in_data2_rd in_ptr2 in_ptr2_rd in_ptr2_empty	同上	同上	VOQ2 数据与指针端口,具体定义同上
in_data3 in_data3_rd in_ptr3 in_ptr3_rd in_ptr3_empty	同上	同上	VOQ3 数据与指针端口,具体定义同上
out_sof	output	1	输出数据帧起始指示信号,其为 1 时表示 out_data 上出现的是数据帧的首个数据
out_dv	output		输出数据有效指示,其为 1 时表示 out_data 上出现的是一个数据帧的有效数据
out_data	output	36	输出数据,与 out_sof 和 out_dv 结合使用
req_to_om	output	4	本电路发送给 4 个输出端口仲裁电路的请求信号,比特 0~3 对应输出端口 0~3
grant_dv	input	1	grant_from_om 有效指示信号。当其为 1 时,grant_from_om 上是 4 个输出端口仲裁电路给出的有效 grant 信号
grant_from_om	input	4	来自 4 个输出端口仲裁电路的 grant(确认)信号
accept_to_om	output	4	去往 4 个输出端口仲裁电路的 accept(接受)信号

仲裁器电路的基本功能包括以下几点:

(1) 根据 in_queue 电路中的 4 个 VOQ 是否有完整的数据帧,在发送匹配操作开始后(gsnyc 信号为 1 时,表示开始匹配操作,gsync 周期性重复出现)产生去往不同输出端口的发送请求。多个 VOQ 非空时,其同时向多个输出仲裁器(Crossbar 的每个输出端口对应一个输出仲裁器)发出请求。

(2) 根据输入仲裁器与输出仲裁器的匹配结果,从相应的 VOQ 读出数据帧并通过输出接口发送。

(3) 监视发送过程,当前数据帧发送完成后,返回空闲状态,重新开始发送过程。

下面是 in_arbiter_4_stream 的设计代码。

```verilog
`timescale 1ns/100ps
module in_arbiter_4_stream(
input               clk,
input               rstn,
input               gsync,
input       [35:0]  in_data0,
output              in_data0_rd,
input       [15:0]  in_ptr0,
output              in_ptr0_rd,
input               in_ptr0_empty,
input       [35:0]  in_data1,
output              in_data1_rd,
input       [15:0]  in_ptr1,
output              in_ptr1_rd,
input               in_ptr1_empty,
input       [35:0]  in_data2,
output              in_data2_rd,
input       [15:0]  in_ptr2,
output              in_ptr2_rd,
input               in_ptr2_empty,
input       [35:0]  in_data3,
output              in_data3_rd,
input       [15:0]  in_ptr3,
output              in_ptr3_rd,
input               in_ptr3_empty,
output  reg[35:0]   out_data,
output  reg         out_sof,
output  reg         out_dv,
//与输出调度器连接的端口
input               grant_dv,
output  reg[3:0]    req_to_om,
input       [3:0]   grant_from_om,
output  reg[3:0]    accept_to_om
);
parameter   IDLE        = 4'd0,
            MATCH1      = 4'd1,
            MATCH2      = 4'd2,
            MATCH3      = 4'd3,
            MATCH4      = 4'd4,
            SEND_CELL1  = 4'd5,
            SEND_CELL2  = 4'd6,
            SEND_CELL3  = 4'd7,
            SEND_CELL4  = 4'd8,
            SEND_CELL5  = 4'd9,
            SEND_CELL6  = 4'd10;
```

//voq_req 表示当前 4 个队列中的指针缓冲区是否非空,作为发送请求使用

```verilog
wire        [3:0]    voq_req;
assign               voq_req = {   !in_ptr3_empty,!in_ptr2_empty,
                                   !in_ptr1_empty,!in_ptr0_empty};
reg         [3:0]    state;
reg         [1:0]    pv;
reg         [3:0]    sel;
reg                  in_ptr_rd;
reg                  in_data_rd;
wire        [15:0]   in_ptr;
wire        [35:0]   in_data;
reg         [9:0]    cnt;
```

//下面的代码会生成两个 4 选 1 选择器,选择从哪个 VOQ 中读出指针和数据

```verilog
assign   in_ptr =   (sel == 4'b0001)?in_ptr0:
                    (sel == 4'b0010)?in_ptr1:
                    (sel == 4'b0100)?in_ptr2:
                    (sel == 4'b1000)?in_ptr3:16'd0;
assign   in_data = (sel == 4'b0001)?in_data0:
                    (sel == 4'b0010)?in_data1:
                    (sel == 4'b0100)?in_data2:
                    (sel == 4'b1000)?in_data3:16'd0;
assign   in_data0_rd = sel[0] & in_data_rd;
assign   in_data1_rd = sel[1] & in_data_rd;
assign   in_data2_rd = sel[2] & in_data_rd;
assign   in_data3_rd = sel[3] & in_data_rd;
assign   in_ptr0_rd = sel[0] & in_ptr_rd;
assign   in_ptr1_rd = sel[1] & in_ptr_rd;
assign   in_ptr2_rd = sel[2] & in_ptr_rd;
assign   in_ptr3_rd = sel[3] & in_ptr_rd;
always @ (posedge clk or negedge rstn)
    if(!rstn) begin
        state           <= #2 IDLE;
        pv              <= #2 0;
        req_to_om       <= #2 0;
        accept_to_om    <= #2 0;
        sel             <= #2 0;
        out_data        <= #2 36'b0;
        out_sof         <= #2 0;
        out_dv          <= #2 0;
        in_data_rd      <= #2 0;
        in_ptr_rd       <= #2 0;
        end
    else begin
        accept_to_om    <= #2 0;
        in_ptr_rd       <= #2 0;
        case(state)
        IDLE: begin
            //在 IDLE 状态下,当 gsync 为 1 时,向输出仲裁器发送请求
            if(gsync) begin
                if(voq_req > 0) begin
                    req_to_om       <= #2 voq_req;
                    state           <= #2 MATCH1;
                    end
                end
```

```
                    end
    // ================================================================
    //根据 Crossbar 的输入端口仲裁器和输出端口仲裁器匹配算法,存在 4 个端口时,经过 4 次
    //迭代可实现输入端口和输出端口的最大匹配,MATCH1～MATCH4 分别用于实现 4 次匹配。
    //某次匹配成功后,可以直接进入信元发送状态,开始数据发送操作。本设计所采用的算中,
    //pv 用于指出本次轮询的起点,当 pv 为 0 时,优先接受来自输出端口 0 的 grant,最法后接受
    //来自输出端口 3 的 grant;当 pv 为 3 时,优先接受来自输出端口 3 的 grant,最后接受来自
    //输出端口 2 的 grant;依此循环处理。每次匹配完成后需要相应更新 pv 值。根据本设计
    //采用的算法,只在第一次匹配操作中进行 pv 值的更新,在后面 3 次匹配操作中不进行更新
    // ================================================================
    MATCH1:begin
        if(grant_dv)begin
            if(grant_from_om!= 0) begin
                req_to_om <= #2 0;
                case(pv)
                0: if(grant_from_om[0]) begin
                        pv <= #2 1;
                        accept_to_om <= #2 4'b0001;
                        end
                    else if(grant_from_om[1])begin
                        pv <= #2 2;
                        accept_to_om <= #2 4'b0010;
                        end
                    else if(grant_from_om[2])begin
                        pv <= #2 3;
                        accept_to_om <= #2 4'b0100;
                        end
                    else if(grant_from_om[3])begin
                        pv <= #2 0;
                        accept_to_om <= #2 4'b1000;
                        end
                1: if(grant_from_om[1]) begin
                        pv <= #2 2;
                        accept_to_om <= #2 4'b0010;
                        end
                    else if(grant_from_om[2]) begin
                        pv <= #2 3;
                        accept_to_om <= #2 4'b0100;
                        end
                    else if(grant_from_om[3]) begin
                        pv <= #2 0;
                        accept_to_om <= #2 4'b1000;
                        end
                    else if(grant_from_om[0]) begin
                        pv <= #2 1;
                        accept_to_om <= #2 4'b0001;
                        end
                2: if(grant_from_om[2]) begin
                        pv <= #2 3;
                        accept_to_om <= #2 4'b0100;
                        end
                    else if(grant_from_om[3])begin
                        pv <= #2 0;
```

```verilog
                    accept_to_om <= #2 4'b1000;
                end
            else if(grant_from_om[0]) begin
                    pv <= #2 1;
                    accept_to_om <= #2 4'b0001;
                end
            else if(grant_from_om[1])begin
                    pv <= #2 2;
                    accept_to_om <= #2 4'b0010;
                end
        3: if(grant_from_om[3]) begin
                    pv <= #2 0;
                    accept_to_om <= #2 4'b1000;
                end
            else if(grant_from_om[0]) begin
                    pv <= #2 1;
                    accept_to_om <= #2 4'b0001;
                end
            else if(grant_from_om[1])begin
                    pv <= #2 2;
                    accept_to_om <= #2 4'b0010;
                end
            else if(grant_from_om[2]) begin
                    pv <= #2 3;
                    accept_to_om <= #2 4'b0100;
                end
        endcase
        state <= #2 SEND_CELL1;
        end
    else begin
        state <= #2 MATCH2;
        end
    end
  end
MATCH2:begin
    if(grant_dv)begin
        if(grant_from_om!= 0) begin
            req_to_om <= #2 0;
            //根据匹配算法,第二次及以后的迭代不更新pv值
            case(pv)
            0: if(grant_from_om[0])        accept_to_om <= #2 4'b0001;
                else if(grant_from_om[1])  accept_to_om <= #2 4'b0010;
                else if(grant_from_om[2])  accept_to_om <= #2 4'b0100;
                else if(grant_from_om[3])  accept_to_om <= #2 4'b1000;
            1: if(grant_from_om[1])        accept_to_om <= #2 4'b0010;
                else if(grant_from_om[2])  accept_to_om <= #2 4'b0100;
                else if(grant_from_om[3])  accept_to_om <= #2 4'b1000;
                else if(grant_from_om[0])  accept_to_om <= #2 4'b0001;
            2: if(grant_from_om[2])        accept_to_om <= #2 4'b0100;
                else if(grant_from_om[3])  accept_to_om <= #2 4'b1000;
                else if(grant_from_om[0])  accept_to_om <= #2 4'b0001;
                else if(grant_from_om[1])  accept_to_om <= #2 4'b0010;
            3: if(grant_from_om[3])        accept_to_om <= #2 4'b1000;
                else if(grant_from_om[0])  accept_to_om <= #2 4'b0001;
```

```
                    else if(grant_from_om[1])   accept_to_om <= #2 4'b0010;
                        else if(grant_from_om[2])   accept_to_om <= #2 4'b0100;
                endcase
                state <= #2 SEND_CELL1;
                end
            else begin
                state <= #2 MATCH3;
                end
            end
        end
MATCH3:begin
    if(grant_dv)begin
        if(grant_from_om!= 0) begin
            req_to_om <= #2 0;
            case(pv)
            0: if(grant_from_om[0])        accept_to_om <= #2 4'b0001;
                else if(grant_from_om[1])   accept_to_om <= #2 4'b0010;
                else if(grant_from_om[2])   accept_to_om <= #2 4'b0100;
                else if(grant_from_om[3])   accept_to_om <= #2 4'b1000;
            1: if(grant_from_om[1])        accept_to_om <= #2 4'b0010;
                else if(grant_from_om[2])   accept_to_om <= #2 4'b0100;
                else if(grant_from_om[3])   accept_to_om <= #2 4'b1000;
                else if(grant_from_om[0])   accept_to_om <= #2 4'b0001;
            2: if(grant_from_om[2])        accept_to_om <= #2 4'b0100;
                else if(grant_from_om[3])   accept_to_om <= #2 4'b1000;
                else if(grant_from_om[0])   accept_to_om <= #2 4'b0001;
                else if(grant_from_om[1])   accept_to_om <= #2 4'b0010;
            3: if(grant_from_om[3])        accept_to_om <= #2 4'b1000;
                else if(grant_from_om[0])   accept_to_om <= #2 4'b0001;
                else if(grant_from_om[1])   accept_to_om <= #2 4'b0010;
                else if(grant_from_om[2])   accept_to_om <= #2 4'b0100;
            endcase
            state <= #2 SEND_CELL1;
            end
        else begin
            state <= #2 MATCH4;
            end
        end
    end
MATCH4:begin
    if(grant_dv)begin
        if(grant_from_om!= 0) begin
            req_to_om <= #2 0;
            case(pv)
            0: if(grant_from_om[0])        accept_to_om <= #2 4'b0001;
                else if(grant_from_om[1])   accept_to_om <= #2 4'b0010;
                else if(grant_from_om[2])   accept_to_om <= #2 4'b0100;
                else if(grant_from_om[3])   accept_to_om <= #2 4'b1000;
            1: if(grant_from_om[1])        accept_to_om <= #2 4'b0010;
                else if(grant_from_om[2])   accept_to_om <= #2 4'b0100;
                else if(grant_from_om[3])   accept_to_om <= #2 4'b1000;
                else if(grant_from_om[0])   accept_to_om <= #2 4'b0001;
            2: if(grant_from_om[2])        accept_to_om <= #2 4'b0100;
                else if(grant_from_om[3])   accept_to_om <= #2 4'b1000;
```

```
                            else if(grant_from_om[0])   accept_to_om <= #2 4'b0001;
                              else if(grant_from_om[1])   accept_to_om <= #2 4'b0010;
                   3: if(grant_from_om[3])              accept_to_om <= #2 4'b1000;
                     else if(grant_from_om[0])          accept_to_om <= #2 4'b0001;
                     else if(grant_from_om[1])          accept_to_om <= #2 4'b0010;
                     else if(grant_from_om[2])          accept_to_om <= #2 4'b0100;
              endcase
              state <= #2 SEND_CELL1;
                end
          else begin
              state <= #2 IDLE;
                end
          end
    end
// ================================================================
//下面的状态用于根据匹配结果读出相应队列中的数据帧并按照接口时序发出数据帧
// ================================================================
SEND_CELL1:     begin
    sel         <= #2 accept_to_om;
    state       <= #2 SEND_CELL2;
    end
SEND_CELL2:     begin
    cnt         <= #2 in_ptr[9:0];
    in_ptr_rd <= #2 1;
    in_data_rd<= #2 1;
    state       <= #2 SEND_CELL3;
    end
SEND_CELL3:begin
    cnt         <= #2 cnt - 1;
    out_data    <= #2 in_data;
    out_sof     <= #2 1;
    out_dv      <= #2 1;
    state       <= #2 SEND_CELL4;
    end
SEND_CELL4:     begin
    cnt         <= #2 cnt - 1;
    out_data    <= #2 in_data;
    out_sof     <= #2 0;
    out_dv      <= #2 1;
    if(cnt == 1) begin
        in_data_rd <= #2 0;
        state       <= #2 SEND_CELL5;
        end
    end
SEND_CELL5:begin
    out_data    <= #2 0;
    out_dv      <= #2 0;
    state       <= #2 SEND_CELL6;
    end
SEND_CELL6:begin
    sel         <= #2 0;
    state       <= #2 IDLE;
    end
endcase
```

```
        end
    endmodule
```

根据上面给出的两个电路设计生成的输入端口虚拟输出队列顶层电路代码如下所示，其非常简单，只需要将上面两个电路连接起来即可。

```
module in_voq_top(
input                   clk,
input                   rstn,
input                   gsync,
input       [35:0]      data_in,
input                   data_dv,
input                   data_sof,
input       [3:0]       data_portmap,
output      [35:0]      out_data,
output                  out_sof,
output                  out_dv,
input                   grant_dv,
output      [3:0]       req_to_om,
input       [3:0]       grant_from_om,
output      [3:0]       accept_to_om
);
wire[35:0]  in_data0;
wire        in_data0_rd;
wire[15:0]  in_ptr0;
wire        in_ptr0_rd;
wire        in_ptr0_empty;
wire[35:0]  in_data1;
wire        in_data1_rd;
wire[15:0]  in_ptr1;
wire        in_ptr1_rd;
wire        in_ptr1_empty;
wire[35:0]  in_data2;
wire        in_data2_rd;
wire[15:0]  in_ptr2;
wire        in_ptr2_rd;
wire        in_ptr2_empty;
wire[35:0]  in_data3;
wire        in_data3_rd;
wire[15:0]  in_ptr3;
wire        in_ptr3_rd;
wire        in_ptr3_empty;
in_queue u_in_queue(
    .clk            (clk            ),
    .rstn           (rstn           ),
    .data_in        (data_in        ),
    .data_dv        (data_dv        ),
    .data_sof       (data_sof       ),
    .data_portmap   (data_portmap   ),
    .in_data0       (in_data0       ),
    .in_data0_rd    (in_data0_rd    ),
    .in_ptr0        (in_ptr0        ),
    .in_ptr0_rd     (in_ptr0_rd     ),
    .in_ptr0_empty  (in_ptr0_empty  ),
    .in_data1       (in_data1       ),
```

```
        .in_data1_rd          (in_data1_rd   ),
        .in_ptr1              (in_ptr1       ),
        .in_ptr1_rd           (in_ptr1_rd    ),
        .in_ptr1_empty        (in_ptr1_empty ),
        .in_data2             (in_data2      ),
        .in_data2_rd          (in_data2_rd   ),
        .in_ptr2              (in_ptr2       ),
        .in_ptr2_rd           (in_ptr2_rd    ),
        .in_ptr2_empty        (in_ptr2_empty ),
        .in_data3             (in_data3      ),
        .in_data3_rd          (in_data3_rd   ),
        .in_ptr3              (in_ptr3       ),
        .in_ptr3_rd           (in_ptr3_rd    ),
        .in_ptr3_empty        (in_ptr3_empty)
    );
    in_arbiter_4_stream u_in_arbiter(
        .clk                  (clk           ),
        .rstn                 (rstn          ),
        .gsync                (gsync         ),
        .in_data0             (in_data0      ),
        .in_data0_rd          (in_data0_rd   ),
        .in_ptr0              (in_ptr0       ),
        .in_ptr0_rd           (in_ptr0_rd    ),
        .in_ptr0_empty        (in_ptr0_empty ),
        .in_data1             (in_data1      ),
        .in_data1_rd          (in_data1_rd   ),
        .in_ptr1              (in_ptr1       ),
        .in_ptr1_rd           (in_ptr1_rd    ),
        .in_ptr1_empty        (in_ptr1_empty ),
        .in_data2             (in_data2      ),
        .in_data2_rd          (in_data2_rd   ),
        .in_ptr2              (in_ptr2       ),
        .in_ptr2_rd           (in_ptr2_rd    ),
        .in_ptr2_empty        (in_ptr2_empty ),
        .in_data3             (in_data3      ),
        .in_data3_rd          (in_data3_rd   ),
        .in_ptr3              (in_ptr3       ),
        .in_ptr3_rd           (in_ptr3_rd    ),
        .in_ptr3_empty        (in_ptr3_empty ),
        .out_data             (out_data      ),
        .out_sof              (out_sof       ),
        .out_dv               (out_dv        ),
        .grant_dv             (grant_dv      ),
        .req_to_om            (req_to_om     ),
        .grant_from_om        (grant_from_om ),
        .accept_to_om         (accept_to_om  )
    );
    endmodule
```

4.2.3　out_arbiter_4_stream 电路的设计与实现

在 4 端口 Crossbar 中,每个输出端口对应着一个输出仲裁器电路 out_arbiter_4_stream,其基本功能是在匹配阶段,接受来自 4 个输入端口的输出请求,根据匹配算法选中其中 1 个给予应答(将相应 grant 置 1 表示"同意"一个输入端口的请求),如果相应输入端口接受了该回复(将 accept 置 1 表示接受某个输出端口反馈的"同意"应答),那么将配置本地选择器,将来自相应 VOQ 的数据帧输出。如果输入端口针对某个输出端口的 grant 没有给予 accept,那么该输出端口的仲裁器将继续针对剩余的请求进行新一轮的匹配操作,直至本轮的 4 次匹配操作结束。out_arbiter_4_stream 的端口定义与输入端口电路类似,其电路符号图如图 4-8 所示,端口含义在代码中进行标注。

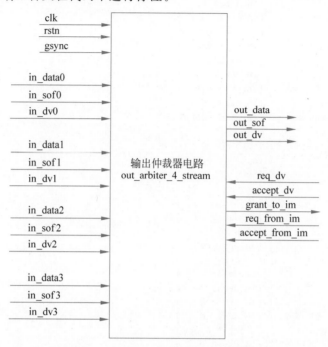

图 4-8　out_arbiter_4_stream 电路的符号图

```
`timescale 1ns/100ps
module out_arbiter_4_stream(
input               clk,
input               rstn,
input               gsync,          //全局同步信号,定义见前面电路
input       [35:0]  in_data0,       //来自输入端口 0 的输入数据
input               in_sof0,        //来自输入端口 0 的数据帧起始指示信号
input               in_dv0,         //来自输入端口 0 的输入数据有效指示信号
input       [35:0]  in_data1,       //来自输入端口 1 的输入数据
input               in_sof1,        //来自输入端口 1 的数据帧起始指示信号
input               in_dv1,         //来自输入端口 1 的输入数据有效指示信号
input       [35:0]  in_data2,       //来自输入端口 2 的输入数据
input               in_sof2,        //来自输入端口 2 的数据帧起始指示信号
input               in_dv2,         //来自输入端口 2 的输入数据有效指示信号
input       [35:0]  in_data3,       //来自输入端口 3 的输入数据
input               in_sof3,        //来自输入端口 3 的数据帧起始指示信号
input               in_dv3,         //来自输入端口 3 的输入数据有效指示信号
output      [35:0]  out_data,       //本端口的输出数据
input               out_sof,        //本端口输出数据帧起始指示信号
input               out_dv,         //本端口输出数据帧有效指示信号
//interface with scheduler.
input               req_dv,         //输入输出端口匹配操作时的请求有效指示信号
input               accept_dv,      //输入输出端口匹配操作时的接受有效指示信号
input       [3:0]   req_from_im,    //来自 4 个输入端口的发送请求信号
```

```
output  reg  [3:0]      grant_to_im,     //向4个输入端口发送的请求应答信号
input        [3:0]      accept_from_im   //来自4个输入端口的应答接收信号
);
parameter    IDLE          = 3'd0,
             MATCH1        = 3'd1,
             MATCH2        = 3'd2,
             MATCH3        = 3'd3,
             MATCH4        = 3'd4,
             MATCH5        = 3'd5,
             SEND_CELL1    = 3'd6,
             SEND_CELL2    = 3'd7;
reg  [2:0]   state;
reg  [1:0]   pv;
reg  [3:0]   sel;
// ================================================================
//下面的代码会生成3个4选1选择器,根据sel的值,确定当前Crossbar输出端口的数据来自哪个
//输入端口
// ================================================================
assign  out_data =  (sel == 4'b0001)?in_data0:
                    (sel == 4'b0010)?in_data1:
                    (sel == 4'b0100)?in_data2:
                    (sel == 4'b1000)?in_data3:36'b0;
assign  out_sof = (sel == 4'b0001)?in_sof0:
                    (sel == 4'b0010)?in_sof1:
                    (sel == 4'b0100)?in_sof2:
                    (sel == 4'b1000)?in_sof3:36'b0;
assign  out_dv =    (sel == 4'b0001)?in_dv0:
                    (sel == 4'b0010)?in_dv1:
                    (sel == 4'b0100)?in_dv2:
                    (sel == 4'b1000)?in_dv3:36'b0;
always @ (posedge clk or negedge rstn)
    if(!rstn) begin
        state              <= #2 IDLE;
        pv                 <= #2 0;
        grant_to_im        <= #2 0;
        sel                <= #2 0;
        end
    else begin
        grant_to_im        <= #2 0;
        case(state)
        // ================================================================
        //当gsync为1时,开始输入端口和输出端口匹配操作。根据Crossbar的输入端口仲裁器和
        //输出口仲裁器匹配算法,存在4个端口时,经过4次迭代可实现输入端口和输出端口的最
        //大匹配。MATCH1~MATCH5分别用于实现4次匹配。某次匹配成功后,可以直接进入SEND_CELL
        //系列状态,开始数据接受操作。根据本设计采用的算法,只有第一次匹配时更新pv值
        // ================================================================
        IDLE: if(gsync)   state<= #2 MATCH1;
        MATCH1: begin
            if(req_dv) begin
                if (req_from_im > 4'b0) begin
                    case(pv)
                    0: if(req_from_im[0]) begin
                            pv<= #2 1;
                            grant_to_im<= #2 4'b0001;
```

```verilog
                    end
              else if(req_from_im[1]) begin
                  pv <= #2 2;
                  grant_to_im <= #2 4'b0010;
                  end
              else if(req_from_im[2]) begin
                  pv <= #2 3;
                  grant_to_im <= #2 4'b0100;
                  end
              else if(req_from_im[3]) begin
                  pv <= #2 0;
                  grant_to_im <= #2 4'b1000;
                  end
          1: if(req_from_im[1]) begin
                  pv <= #2 2;
                  grant_to_im <= #2 4'b0010;
                  end
              else if(req_from_im[2]) begin
                  pv <= #2 3;
                  grant_to_im <= #2 4'b0100;
                  end
              else if(req_from_im[3]) begin
                  pv <= #2 0;
                  grant_to_im <= #2 4'b1000;
                  end
              else if(req_from_im[0]) begin
                  pv <= #2 1;
                  grant_to_im <= #2 4'b0001;
                  end
          2: if(req_from_im[2])          begin
                  pv <= #2 3;
                  grant_to_im <= #2 4'b0100;
                  end
              else if(req_from_im[3]) begin
                  pv <= #2 0;
                  grant_to_im <= #2 4'b1000;
                  end
              else if(req_from_im[0]) begin
                  pv <= #2 1;
                  grant_to_im <= #2 4'b0001;
                  end
              else if(req_from_im[1]) begin
                  pv <= #2 2;
                  grant_to_im <= #2 4'b0010;
                  end
          3: if(req_from_im[3]) begin
                  pv <= #2 0;
                  grant_to_im <= #2 4'b1000;
                  end
              else if(req_from_im[0]) begin
                  pv <= #2 1;
                  grant_to_im <= #2 4'b0001;
                  end
              else if(req_from_im[1]) begin
```

```
                            pv <= # 2 2;
                            grant_to_im <= # 2 4'b0010;
                            end
                        else if(req_from_im[2]) begin
                            pv <= # 2 3;
                            grant_to_im <= # 2 4'b0100;
                            end
                    endcase
                    state <= # 2 MATCH2;
                    end
            else state <= # 2 IDLE;
            end
    MATCH2:begin
        if(accept_dv) begin
            if(accept_from_im) begin
                sel <= # 2 accept_from_im;
                state <= # 2 SEND_CELL1;
                end
            else if (req_from_im > 4'b0) begin
                case(pv)
                0: if(req_from_im[0])        grant_to_im <= # 2 4'b0001;
                    else if(req_from_im[1])  grant_to_im <= # 2 4'b0010;
                    else if(req_from_im[2])  grant_to_im <= # 2 4'b0100;
                    else if(req_from_im[3])  grant_to_im <= # 2 4'b1000;
                1: if(req_from_im[1])        grant_to_im <= # 2 4'b0010;
                    else if(req_from_im[2])  grant_to_im <= # 2 4'b0100;
                    else if(req_from_im[3])  grant_to_im <= # 2 4'b1000;
                    else if(req_from_im[0])  grant_to_im <= # 2 4'b0001;
                2: if(req_from_im[2])        grant_to_im <= # 2 4'b0100;
                    else if(req_from_im[3])  grant_to_im <= # 2 4'b1000;
                    else if(req_from_im[0])  grant_to_im <= # 2 4'b0001;
                    else if(req_from_im[1])  grant_to_im <= # 2 4'b0010;
                3: if(req_from_im[3])        grant_to_im <= # 2 4'b1000;
                    else if(req_from_im[0])  grant_to_im <= # 2 4'b0001;
                    else if(req_from_im[1])  grant_to_im <= # 2 4'b0010;
                    else if(req_from_im[2])  grant_to_im <= # 2 4'b0100;
                endcase
                state <= # 2 MATCH3;
                end
            else state <= # 2 IDLE;
            end
        end
    MATCH3:begin
        if(accept_dv) begin
            if(accept_from_im) begin
                sel <= # 2 accept_from_im;
                state <= # 2 SEND_CELL1;
                end
            else if (req_from_im > 4'b0) begin
                case(pv)
                0: if(req_from_im[0])        grant_to_im <= # 2 4'b0001;
                    else if(req_from_im[1])  grant_to_im <= # 2 4'b0010;
                    else if(req_from_im[2])  grant_to_im <= # 2 4'b0100;
```

```
                                else if(req_from_im[3])        grant_to_im <= #2 4'b1000;
                        1: if(req_from_im[1])                  grant_to_im <= #2 4'b0010;
                            else if(req_from_im[2])            grant_to_im <= #2 4'b0100;
                            else if(req_from_im[3])            grant_to_im <= #2 4'b1000;
                            else if(req_from_im[0])            grant_to_im <= #2 4'b0001;
                        2: if(req_from_im[2])                  grant_to_im <= #2 4'b0100;
                            else if(req_from_im[3])            grant_to_im <= #2 4'b1000;
                            else if(req_from_im[0])            grant_to_im <= #2 4'b0001;
                            else if(req_from_im[1])            grant_to_im <= #2 4'b0010;
                        3: if(req_from_im[3])                  grant_to_im <= #2 4'b1000;
                            else if(req_from_im[0])            grant_to_im <= #2 4'b0001;
                            else if(req_from_im[1])            grant_to_im <= #2 4'b0010;
                            else if(req_from_im[2])            grant_to_im <= #2 4'b0100;
                        endcase
                        state <= #2 MATCH4;
                        end
                    else state <= #2 IDLE;
                    end
            end
        MATCH4: begin
            if(accept_dv) begin
                if(accept_from_im) begin
                    sel <= #2 accept_from_im;
                    state <= #2 SEND_CELL1;
                    end
                else if (req_from_im > 4'b0) begin
                    case(pv)
                        0: if(req_from_im[0])                  grant_to_im <= #2 4'b0001;
                            else if(req_from_im[1])            grant_to_im <= #2 4'b0010;
                            else if(req_from_im[2])            grant_to_im <= #2 4'b0100;
                            else if(req_from_im[3])            grant_to_im <= #2 4'b1000;
                        1: if(req_from_im[1])                  grant_to_im <= #2 4'b0010;
                            else if(req_from_im[2])            grant_to_im <= #2 4'b0100;
                            else if(req_from_im[3])            grant_to_im <= #2 4'b1000;
                            else if(req_from_im[0])            grant_to_im <= #2 4'b0001;
                        2: if(req_from_im[2])                  grant_to_im <= #2 4'b0100;
                            else if(req_from_im[3])            grant_to_im <= #2 4'b1000;
                            else if(req_from_im[0])            grant_to_im <= #2 4'b0001;
                            else if(req_from_im[1])            grant_to_im <= #2 4'b0010;
                        3: if(req_from_im[3])                  grant_to_im <= #2 4'b1000;
                            else if(req_from_im[0])            grant_to_im <= #2 4'b0001;
                            else if(req_from_im[1])            grant_to_im <= #2 4'b0010;
                            else if(req_from_im[2])            grant_to_im <= #2 4'b0100;
                        endcase
                        state <= #2 MATCH5;
                        end
                    else state <= #2 IDLE;
                    end
            end
        MATCH5: begin
            if(accept_dv) begin
                if(accept_from_im) begin
```

```
                    sel <= #2 accept_from_im;
                    state <= #2 SEND_CELL1;
                    end
                else state <= #2 IDLE;
                end
            end
    // ================================================================
    //状态机根据 out_dv 值的变化监测来自选中端口的输入数据帧是否发送完成,发送完成后
    //返回 IDLE 状态
    // ================================================================
    SEND_CELL1:  if(out_dv) state <= #2 SEND_CELL2;
    SEND_CELL2:  if(!out_dv) begin
        sel <= #2 4'b0;
        state <= #2 IDLE;
        end
    endcase
    end
endmodule
```

4.2.4 sequencer 电路的设计

sequencer(定序器)电路的功能是周期性地产生 4 个 in_arbiter_4_stream 和 4 个 out_arbiter_4_stream 之间迭代匹配的控制时序。本电路中,每 12 个时钟周期完成 1 次匹配,内部包括 4 次迭代。下面是 sequencer 的设计代码。

```
`timescale 1ns / 1ps
module sequencer(
input           clk,
input           rstn,
output    reg   gsync,
output    reg   req_dv,
output    reg   grant_dv,
output    reg   accept_dv
    );
reg     [4:0] cnt;
always @ (posedge clk or negedge rstn)
    //本设计中,每 12 个时钟周期完成一轮匹配,因此 cnt 在 0~11 循环计数
    if(!rstn)   cnt <= #2 0;
    else if(cnt < 11) cnt <= #2 cnt + 1;
    else cnt <= #2 0;
always @ (posedge clk or negedge rstn)
    if(!rstn)begin
        gsync       <= #2 0;
        req_dv      <= #2 0;
        grant_dv    <= #2 0;
        accept_dv   <= #2 0;
        end
    else begin
        gsync           <= #2 0;
        req_dv          <= #2 0;
        grant_dv        <= #2 0;
        accept_dv       <= #2 0;
        case(cnt)
```

```
          0:   gsync      <= #2 1;
          1:   req_dv     <= #2 1;
          3,5,7: begin
              req_dv     <= #2 1;
              accept_dv  <= #2 1;
              end
          2,4,6,8:  grant_dv  <= #2 1;
          9:        accept_dv <= #2 1;
          endcase
          end
endmodule
```

定序器电路的功能较为简单,此处不做进一步的仿真分析。

4.2.5　crossbar_top_stream 电路的设计与仿真分析

将 4 个 in_voq_top 电路和 4 个 out_arbiter_4_stream 电路按照一定拓扑连接起来,可以构成 4 端口 Crossbar 电路,可以实现 4 个输入端口数据的无阻塞交换。基于上面给出的电路,下面是 4 端口 Crossbar 电路的完整设计代码。

```
module crossbar_top_stream(
input              clk,
input              rstn,
input    [35:0]    data_in0,
input              data_in_dv0,
input              data_in_sof0,
input    [3:0]     data_in_portmap0,
input    [35:0]    data_in1,
input              data_in_dv1,
input              data_in_sof1,
input    [3:0]     data_in_portmap1,
input    [35:0]    data_in2,
input              data_in_dv2,
input              data_in_sof2,
input    [3:0]     data_in_portmap2,
input    [35:0]    data_in3,
input              data_in_dv3,
input              data_in_sof3,
input    [3:0]     data_in_portmap3,
output   [35:0]    data_out0,
output             data_out_dv0,
output             data_out_sof0,
output   [35:0]    data_out1,
output             data_out_dv1,
output             data_out_sof1,
output   [35:0]    data_out2,
output             data_out_dv2,
output             data_out_sof2,
output   [35:0]    data_out3,
output             data_out_dv3,
output             data_out_sof3
);
wire        gsync;
wire        req_dv;
```

```
wire            grant_dv;
wire            accept_dv;
wire [3:0]      in0_req_to_om;
wire [3:0]      in0_grant_from_om;
wire [3:0]      in0_accept_to_om;
wire [35:0]     in0_voq_data;
wire            in0_voq_sof;
wire            in0_voq_dv;
wire [3:0]      in1_req_to_om;
wire [3:0]      in1_grant_from_om;
wire [3:0]      in1_accept_to_om;
wire [35:0]     in1_voq_data;
wire            in1_voq_sof;
wire            in1_voq_dv;
wire [3:0]      in2_req_to_om;
wire [3:0]      in2_grant_from_om;
wire [3:0]      in2_accept_to_om;
wire [35:0]     in2_voq_data;
wire            in2_voq_sof;
wire            in2_voq_dv;
wire [3:0]      in3_req_to_om;
wire [3:0]      in3_grant_from_om;
wire [3:0]      in3_accept_to_om;
wire [35:0]     in3_voq_data;
wire            in3_voq_sof;
wire            in3_voq_dv;
wire [3:0]      out0_req_from_im;
wire [3:0]      out0_grant_to_im;
wire [3:0]      out0_accept_from_im;
wire [3:0]      out1_req_from_im;
wire [3:0]      out1_grant_to_im;
wire [3:0]      out1_accept_from_im;
wire [3:0]      out2_req_from_im;
wire [3:0]      out2_grant_to_im;
wire [3:0]      out2_accept_from_im;
wire [3:0]      out3_req_from_im;
wire [3:0]      out3_grant_to_im;
wire [3:0]      out3_accept_from_im;
assign  out0_req_from_im = {   in3_req_to_om[0],in2_req_to_om[0],
                               in1_req_to_om[0],in0_req_to_om[0]};
assign  out1_req_from_im = {   in3_req_to_om[1],in2_req_to_om[1],
                               in1_req_to_om[1],in0_req_to_om[1]};
assign  out2_req_from_im = {   in3_req_to_om[2],in2_req_to_om[2],
                               in1_req_to_om[2],in0_req_to_om[2]};
assign  out3_req_from_im = {   in3_req_to_om[3],in2_req_to_om[3],
                               in1_req_to_om[3],in0_req_to_om[3]};
assign  in0_grant_from_om = {  out3_grant_to_im[0],out2_grant_to_im[0],
                               out1_grant_to_im[0],out0_grant_to_im[0]};
assign  in1_grant_from_om = {  out3_grant_to_im[1],out2_grant_to_im[1],
                               out1_grant_to_im[1],out0_grant_to_im[1]};
assign  in2_grant_from_om = {  out3_grant_to_im[2],out2_grant_to_im[2],
                               out1_grant_to_im[2],out0_grant_to_im[2]};
assign  in3_grant_from_om = {  out3_grant_to_im[3],out2_grant_to_im[3],
                               out1_grant_to_im[3],out0_grant_to_im[3]};
```

```
assign out0_accept_from_im = {in3_accept_to_om[0],in2_accept_to_om[0],
                              in1_accept_to_om[0],in0_accept_to_om[0]};
assign out1_accept_from_im = {in3_accept_to_om[1],in2_accept_to_om[1],
                              in1_accept_to_om[1],in0_accept_to_om[1]};
assign out2_accept_from_im = {in3_accept_to_om[2],in2_accept_to_om[2],
                              in1_accept_to_om[2],in0_accept_to_om[2]};
assign out3_accept_from_im = {in3_accept_to_om[3],in2_accept_to_om[3],
                              in1_accept_to_om[3],in0_accept_to_om[3]};
sequencer u_sequencer(
.clk         (clk      ),
.rstn        (rstn     ),
.gsync       (gsync    ),
.req_dv      (req_dv   ),
.grant_dv    (grant_dv),
.accept_dv   (accept_dv)
);
in_voq_top u_in_voq_0(
.clk             (clk             ),
.rstn            (rstn            ),
.gsync           (gsync           ),
.data_in         (data_in0        ),
.data_dv         (data_in_dv0     ),
.data_sof        (data_in_sof0    ),
.data_portmap    (data_in_portmap0),
.out_data        (in0_voq_data    ),
.out_sof         (in0_voq_sof     ),
.out_dv          (in0_voq_dv      ),

.req_to_om       (in0_req_to_om),
.grant_dv        (grant_dv        ),
.grant_from_om   (in0_grant_from_om),
.accept_to_om    (in0_accept_to_om )
);
in_voq_top u_in_voq_1(
.clk             (clk             ),
.rstn            (rstn            ),
.gsync           (gsync           ),
.data_in         (data_in1        ),
.data_dv         (data_in_dv1     ),
.data_sof        (data_in_sof1    ),
.data_portmap    (data_in_portmap1),
.out_data        (in1_voq_data    ),
.out_sof         (in1_voq_sof     ),
.out_dv          (in1_voq_dv      ),
.req_to_om       (in1_req_to_om),
.grant_dv        (grant_dv        ),
.grant_from_om   (in1_grant_from_om),
.accept_to_om    (in1_accept_to_om )
);
in_voq_top u_in_voq_2(
.clk             (clk             ),
.rstn            (rstn            ),
.gsync           (gsync           ),
.data_in         (data_in2        ),
```

```
    .data_dv          (data_in_dv2      ),
    .data_sof         (data_in_sof2     ),
    .data_portmap     (data_in_portmap2 ),
    .out_data         (in2_voq_data     ),
    .out_sof          (in2_voq_sof      ),
    .out_dv           (in2_voq_dv       ),
    .req_to_om        (in2_req_to_om),
    .grant_dv         (grant_dv         ),
    .grant_from_om    (in2_grant_from_om),
    .accept_to_om     (in2_accept_to_om )
);
in_voq_top u_in_voq_3(
    .clk              (clk              ),
    .rstn             (rstn             ),
    .gsync            (gsync            ),
    .data_in          (data_in3         ),
    .data_dv          (data_in_dv3      ),
    .data_sof         (data_in_sof3     ),
    .data_portmap     (data_in_portmap3 ),
    .out_data         (in3_voq_data     ),
    .out_sof          (in3_voq_sof      ),
    .out_dv           (in3_voq_dv       ),
    .req_to_om        (in3_req_to_om    ),
    .grant_dv         (grant_dv         ),
    .grant_from_om    (in3_grant_from_om),
    .accept_to_om     (in3_accept_to_om )
);
//下面是4个输出仲裁器
out_arbiter_4_stream u_out_arbiter_0(
    .clk              (clk              ),
    .rstn             (rstn             ),
    .gsync            (gsync            ),
    .req_dv           (req_dv           ),
    .accept_dv        (accept_dv        ),
    .req_from_im      (out0_req_from_im ),
    .grant_to_im      (out0_grant_to_im ),
    .accept_from_im   (out0_accept_from_im),
    .in_data0         (in0_voq_data     ),
    .in_sof0          (in0_voq_sof      ),
    .in_dv0           (in0_voq_dv       ),
    .in_data1         (in1_voq_data     ),
    .in_sof1          (in1_voq_sof      ),
    .in_dv1           (in1_voq_dv       ),
    .in_data2         (in2_voq_data     ),
    .in_sof2          (in2_voq_sof      ),
    .in_dv2           (in2_voq_dv       ),
    .in_data3         (in3_voq_data     ),
    .in_sof3          (in3_voq_sof      ),
    .in_dv3           (in3_voq_dv       ),
    .out_data         (data_out0        ),
    .out_sof          (data_out_sof0    ),
    .out_dv           (data_out_dv0     )
);
out_arbiter_4_stream u_out_arbiter_1(
```

```
    .clk              (clk              ),
    .rstn             (rstn             ),
    .gsync            (gsync            ),
    .req_dv           (req_dv           ),
    .accept_dv        (accept_dv        ),
    .req_from_im      (out1_req_from_im ),
    .grant_to_im      (out1_grant_to_im ),
    .accept_from_im   (out1_accept_from_im),
    .in_data0         (in0_voq_data     ),
    .in_sof0          (in0_voq_sof      ),
    .in_dv0           (in0_voq_dv       ),
    .in_data1         (in1_voq_data     ),
    .in_sof1          (in1_voq_sof      ),
    .in_dv1           (in1_voq_dv       ),
    .in_data2         (in2_voq_data     ),
    .in_sof2          (in2_voq_sof      ),
    .in_dv2           (in2_voq_dv       ),
    .in_data3         (in3_voq_data     ),
    .in_sof3          (in3_voq_sof      ),
    .in_dv3           (in3_voq_dv       ),
    .out_data         (data_out1        ),
    .out_sof          (data_out_sof1    ),
    .out_dv           (data_out_dv1     )
    );
    out_arbiter_4_stream u_out_arbiter_2(
    .clk              (clk              ),
    .rstn             (rstn             ),
    .gsync            (gsync            ),
    .req_dv           (req_dv           ),
    .accept_dv        (accept_dv        ),
    .req_from_im      (out2_req_from_im ),
    .grant_to_im      (out2_grant_to_im ),
    .accept_from_im   (out2_accept_from_im),
    .in_data0         (in0_voq_data     ),
    .in_sof0          (in0_voq_sof      ),
    .in_dv0           (in0_voq_dv       ),
    .in_data1         (in1_voq_data     ),
    .in_sof1          (in1_voq_sof      ),
    .in_dv1           (in1_voq_dv       ),
    .in_data2         (in2_voq_data     ),
    .in_sof2          (in2_voq_sof      ),
    .in_dv2           (in2_voq_dv       ),
    .in_data3         (in3_voq_data     ),
    .in_sof3          (in3_voq_sof      ),
    .in_dv3           (in3_voq_dv       ),
    .out_data         (data_out2        ),
    .out_sof          (data_out_sof2    ),
    .out_dv           (data_out_dv2     )
    );
    out_arbiter_4_stream u_out_arbiter_3(
    .clk              (clk              ),
    .rstn             (rstn             ),
    .gsync            (gsync            ),
    .req_dv           (req_dv           ),
```

```
.accept_dv          (accept_dv         ),
.req_from_im        (out3_req_from_im ),
.grant_to_im        (out3_grant_to_im ),
.accept_from_im     (out3_accept_from_im),
.in_data0           (in0_voq_data      ),
.in_sof0            (in0_voq_sof       ),
.in_dv0             (in0_voq_dv        ),
.in_data1           (in1_voq_data      ),
.in_sof1            (in1_voq_sof       ),
.in_dv1             (in1_voq_dv        ),
.in_data2           (in2_voq_data      ),
.in_sof2            (in2_voq_sof       ),
.in_dv2             (in2_voq_dv        ),
.in_data3           (in3_voq_data      ),
.in_sof3            (in3_voq_sof       ),
.in_dv3             (in3_voq_dv        ),
.out_data           (data_out3         ),
.out_sof            (data_out_sof3     ),
.out_dv             (data_out_dv3      )
);
endmodule
```

下面是 4 端口 Crossbar 的仿真代码,包括了 4 组基本的仿真分析。

```
module crossbar_top_stream_tb;
reg              clk;
reg              rstn;
reg      [35:0]  data_in0;
reg              data_in_dv0;
reg              data_in_sof0;
reg      [3:0]   data_in_portmap0;
reg      [35:0]  data_in1;
reg              data_in_dv1;
reg              data_in_sof1;
reg      [3:0]   data_in_portmap1;
reg      [35:0]  data_in2;
reg              data_in_dv2;
reg              data_in_sof2;
reg      [3:0]   data_in_portmap2;
reg      [35:0]  data_in3;
reg              data_in_dv3;
reg              data_in_sof3;
reg      [3:0]   data_in_portmap3;
wire     [35:0]  data_out0;
wire             data_out_dv0;
wire             data_out_sof0;
wire     [3:0]   data_out_portmap0;
wire     [35:0]  data_out1;
wire             data_out_dv1;
wire             data_out_sof1;
wire     [3:0]   data_out_portmap1;
wire     [35:0]  data_out2;
wire             data_out_dv2;
wire             data_out_sof2;
wire     [3:0]   data_out_portmap2;
```

```
wire      [35:0]    data_out3;
wire               data_out_dv3;
wire               data_out_sof3;
wire      [3:0]    data_out_portmap3;
always    #5 clk = ~clk;
crossbar_top_stream u_crossbar(
.clk               (clk            ),
.rstn              (rstn           ),
.data_in0          (data_in0       ),
.data_in_dv0       (data_in_dv0    ),
.data_in_sof0      (data_in_sof0   ),
.data_in_portmap0  (data_in_portmap0),
.data_in1          (data_in1       ),
.data_in_dv1       (data_in_dv1    ),
.data_in_sof1      (data_in_sof1   ),
.data_in_portmap1  (data_in_portmap1),
.data_in2          (data_in2       ),
.data_in_dv2       (data_in_dv2    ),
.data_in_sof2      (data_in_sof2   ),
.data_in_portmap2  (data_in_portmap2),
.data_in3          (data_in3       ),
.data_in_dv3       (data_in_dv3    ),
.data_in_sof3      (data_in_sof3   ),
.data_in_portmap3  (data_in_portmap3),
.data_out0         (data_out0      ),
.data_out_dv0      (data_out_dv0   ),
.data_out_sof0     (data_out_sof0  ),
.data_out1         (data_out1      ),
.data_out_dv1      (data_out_dv1   ),
.data_out_sof1     (data_out_sof1  ),
.data_out2         (data_out2      ),
.data_out_dv2      (data_out_dv2   ),
.data_out_sof2     (data_out_sof2  ),
.data_out3         (data_out3      ),
.data_out_dv3      (data_out_dv3   ),
.data_out_sof3     (data_out_sof3  )
);
initial begin
    clk = 0;
    rstn = 0;
    data_in0 = 0;
    data_in_dv0 = 0;
    data_in_sof0 = 0;
    data_in_portmap0 = 0;
    data_in1 = 0;
    data_in_dv1 = 0;
    data_in_sof1 = 0;
    data_in_portmap1 = 0;
    data_in2 = 0;
    data_in_dv2 = 0;
    data_in_sof2 = 0;
    data_in_portmap2 = 0;
    data_in3 = 0;
    data_in_dv3 = 0;
```

```verilog
data_in_sof3 = 0;
data_in_portmap3 = 0;
#100;
rstn = 1;
#1000;
//test1
port0_send_req(100,4'b0001);
#1000;
port0_send_req(100,4'b0010);
#1000;
port0_send_req(100,4'b0100);
#1000;
port0_send_req(100,4'b1000);
#10000;
//test2
port1_send_req(100,4'b0001);
#1000;
port1_send_req(100,4'b0010);
#1000;
port1_send_req(100,4'b0100);
#1000;
port1_send_req(100,4'b1000);
#10000;
//test3
port2_send_req(100,4'b0001);
#1000;
port2_send_req(100,4'b0010);
#1000;
port2_send_req(100,4'b0100);
#1000;
port2_send_req(100,4'b1000);
#10000;
//test4
port3_send_req(100,4'b0001);
#1000;
port3_send_req(100,4'b0010);
#1000;
port3_send_req(100,4'b0100);
#1000;
port3_send_req(100,4'b1000);
#10000;
//test5
fork
    port0_send_req(100,4'b0001);
    #1000;
    port1_send_req(100,4'b0010);
    #1000;
    port2_send_req(100,4'b0100);
    #1000;
    port3_send_req(100,4'b1000);
join
#10000;
//test6
fork
```

```verilog
            port0_send_req(100,4'b0001);
            #1000;
            port1_send_req(100,4'b0001);
            #1000;
            port2_send_req(100,4'b0001);
            #1000;
            port3_send_req(100,4'b0001);
        join
        end
```

//下面的任务用于向输入端口 0 的指定队列写入给定长度的数据帧

```verilog
task port0_send_req;
input    [15:0]    len;
input    [3:0]     portmap;
integer            temp;
begin
    repeat(1)@(posedge clk);
    #2;
    for(temp = 0;temp < len;temp = temp + 1)begin
        if(!temp)begin
            data_in_portmap0 = portmap[3:0];
            data_in_sof0 = 1;
            data_in_dv0 = 1;
            data_in0 = {4'b1111,4'b0001,portmap[3:0],24'b0};
            end
        else begin
            data_in_sof0 = 0;
            data_in_dv0 = 1;
            data_in0 = {4'b1111,4'b0001,portmap[3:0],temp[23:0]};
            end
        repeat(1)@(posedge clk);
        #2;
        end
    data_in_dv0 = 0;
    data_in0 = 36'b0;
    repeat(2)@(posedge clk);
    end
endtask
```

//下面的任务用于向输入端口 1 的指定队列写入给定长度的数据帧

```verilog
task port1_send_req;
input    [15:0]    len;
input    [3:0]     portmap;
integer            temp;
begin
    repeat(1)@(posedge clk);
    #2;
    for(temp = 0;temp < len;temp = temp + 1)begin
        if(!temp)begin
            data_in_portmap1 = portmap[3:0];
            data_in_sof1 = 1;
            data_in_dv1 = 1;
            data_in1 = {4'b1111,4'b0010,portmap[3:0],24'b0};
            end
        else begin
            data_in_sof1 = 0;
```

```
                    data_in_dv1 = 1;
                    data_in1 = {4'b1111,4'b0010,portmap[3:0],temp[23:0]};
                    end
                repeat(1)@(posedge clk);
                #2;
                end
        data_in_dv1 = 0;
        data_in1 = 36'b0;
        repeat(2)@(posedge clk);
        end
endtask
//下面的任务用于向输入端口2的指定队列写入给定长度的数据帧
task port2_send_req;
input    [15:0]    len;
input    [3:0]     portmap;
integer            temp;
begin
    repeat(1)@(posedge clk);
    #2;
    for(temp = 0;temp < len;temp = temp + 1)begin
        if(!temp)begin
            data_in_portmap2 = portmap[3:0];
            data_in_sof2 = 1;
            data_in_dv2 = 1;
            data_in2 = {4'b1111,4'b0100,portmap[3:0],24'b0};
            end
        else begin
            data_in_sof2 = 0;
            data_in_dv2 = 1;
            data_in2 = {4'b1111,4'b0100,portmap[3:0],temp[23:0]};
            end
        repeat(1)@(posedge clk);
        #2;
        end
    data_in_dv2 = 0;
    data_in2 = 36'b0;
    repeat(2)@(posedge clk);
    end
endtask
//下面的任务用于向输入端口3的指定队列写入给定长度的数据帧
task port3_send_req;
input    [15:0]    len;
input    [3:0]     portmap;
integer            temp;
begin
    repeat(1)@(posedge clk);
    #2;
    for(temp = 0;temp < len;temp = temp + 1)begin
        if(!temp)begin
            data_in_portmap3 = portmap[3:0];
            data_in_sof3 = 1;
            data_in_dv3 = 1;
            data_in3 = {4'b1111,4'b1000,portmap[3:0],24'b0};
            end
```

```
        else begin
            data_in_sof3 = 0;
            data_in_dv3 = 1;
            data_in3 = {4'b1111,4'b1000,portmap[3:0],temp[23:0]};
            end
        repeat(1)@(posedge clk);
        #2;
        end
    data_in_dv3 = 0;
    data_in3 = 36'b0;
    repeat(2)@(posedge clk);
    end
endtask
endmodule
```

图 4-9 是上面测试代码中 test1 对应的仿真波形。根据代码可知，端口 0 写入了 4 个分别去往输出端口 0～输出端口 3 的分组，这通过被写入分组的 portmap 值（分别为 1、2、4、8）可以看出。从图中可见，4 个输出端口各输出了一个分组。

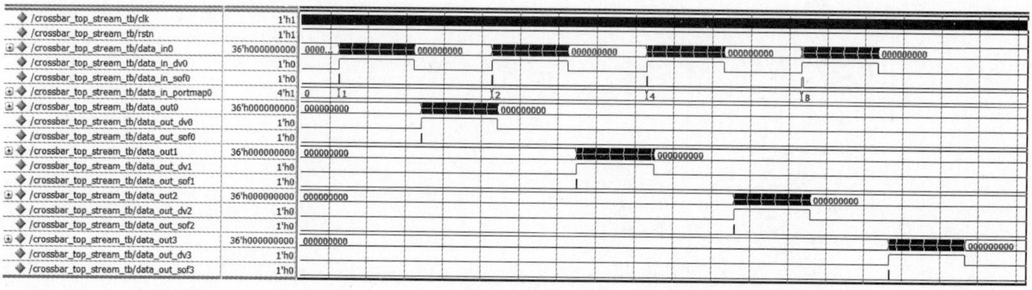

图 4-9　向端口 0 写入分别去往 4 个输出端口数据分组的仿真波形

图 4-10 是上面测试代码中 test2～test4 对应的仿真波形。根据代码可知，每个输入端口分别写入了去往 4 个不同输出端口的分组，观察仿真波形可知，这些分组可以从正确的端口输出。

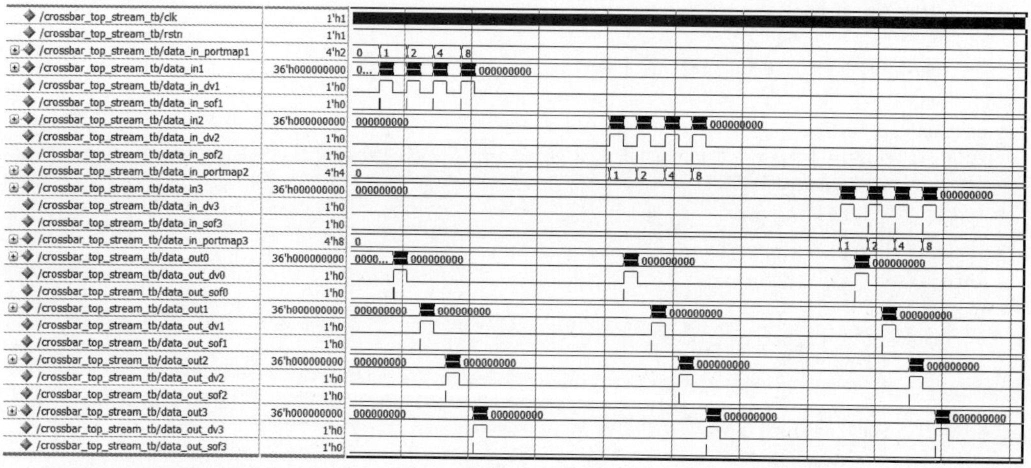

图 4-10　端口 1～3 写入分别去往 4 个输出端口数据分组的仿真波形

如图 4-11 中左侧波形所示，4 个输入端口同时被写入了去往 4 个不同输出端口的数据分组，4 个输出端口同时输出了 4 个分组，这说明经过 1 轮匹配 Crossbar 即可实现无阻塞交换。图中右侧是 4 个输入端口都写入了 1 个去往输出端口 1 的分组,可见,输出端口 1 依次输出了 4 个分组。

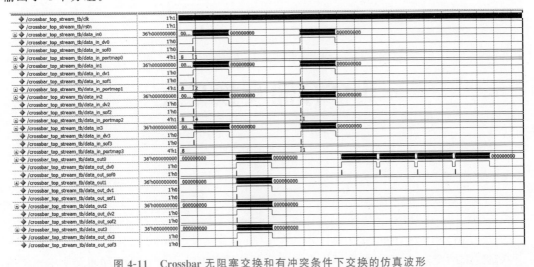

图 4-11　Crossbar 无阻塞交换和有冲突条件下交换的仿真波形

共享存储交换单元

共享存储(Shared Memory,SM)交换单元(或者称为交换结构),属于时分交换单元的一种,是以太网交换机、路由器等网络设备中广泛使用的基本电路。共享存储交换单元将所有等待输出的数据包(分组)先存储到一个公共存储区中,根据其输出端口和转发优先级进行排队,然后根据输出调度规则将分组读出并发送到目标输出端口中。共享存储交换单元本身是一个队列管理器,具有存储资源利用率高、结构简单、低时延的特性。共享存储交换单元曾广泛应用于大容量 ATM 交换机中,应用于 IP 交换机时,输入的 IP 包通常先被分割成定长的内部信元(典型值为 64 字节),然后进入共享存储交换单元。同一个 IP 包对应的内部信元被发送到交换机的出口处时,重新拼装成 IP 包并输出。

5.1 共享存储交换单元的工作原理

图 5-1 给出了 SM 交换结构的工作机制示意图。如果输入的是 ATM 信元,那么经过对输入信元的接收处理(信头校验检查、信元类别检查、转发表查找等),与该信元转发相关的内部控制信息会形成一个本地头(或者称为本地标签)。本地头中主要包括输出端口映射位图、转发优先级等字段。输出端口映射位图字段的位宽与输出端口数相同,每个比特对应一个输出端口,某个比特为 1 表示要从该端口输出,多个比特为 1 表示要从多个端口输出。

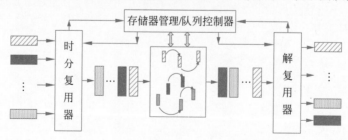

图 5-1　SM 交换结构的工作机制示意图

对于 IP 分组,可以在进行 IP 包输入处理后,为 IP 包加上包含包长度、输出端口映射位图、转发优先级等信息的本地头,然后进行定长分割,形成多个按序排列的内部信元。根据具体实现方式的不同,与一个 IP 包对应的转发控制信息可以只出现在这个 IP 包的首信元头部,也可以添加到该 IP 包拆分后的每个信元头部。无论采用哪种方式,内部信元的长度都是固定的,典型值为 64 字节。

图 5-1 中,来自不同输入端口的信元经过时分复用器进行数据合路,合并为一路高速数据流,交由队列管理器处理。队列管理器对共享的数据缓冲区进行分割和管理,它根据信元本地头中的转发映射位图和转发优先级等信息将去往不同输出端口的信元存储在不同的逻辑输出队列中。去往不同端口或者去往相同端口但具有不同转发优先级的信元构成一个逻辑队列,逻辑队列的数量与端口数和优先级数都有关系。在某一时刻,业务量大的输出端口可能占用更多的数据缓冲区,业务量小的端口占用的缓冲区深度会相对较少。与为每个输出端口固定分配缓冲区的方式相比,共享缓冲区有利于提高存储空间的利用率,改善系统性能。

数据缓冲区可以根据业务优先级的不同,为分组分配不同的缓冲区使用权限。例如,低优先级业务在存储空间的占用超过一定门限时会被限制写入并丢弃。待转发业务具有多个优先级时,可以设置多个缓冲区管理门限,使得高优先级业务具有相对更高的缓冲区使用权。此外,可以将共享缓冲区划分为私有缓冲区和共享缓冲区。针对高优先级业务可以预留私有缓冲区,高优先级业务到达时,优先使用私有缓冲区,私有缓冲区被用尽后,可以占用共享缓冲区;低优先级业务不能占用私有缓冲区,只能占用共享缓冲区。这种机制可以使特定的高优先级业务得到基本的缓冲区保证。

存储器访问带宽是影响 SM 交换结构吞吐率的主要因素。进入交换结构的信元需要写入共享数据缓冲区中,从输出端口发送的信元需要从共享缓冲区中读出,缓冲区的读写访问带宽直接制约了交换结构的吞吐率。一般来说,交换机吞吐率的理论上限是存储器访问带宽的二分之一。例如,缓冲区读写数据总线位宽为 128 比特,读写时钟频率为 100MHz,则其峰值访问带宽为 12.8Gb/s。如果缓冲区采用单端口 RAM 实现,此交换单元的交换能力可以按照 6.4Gb/s 进行估算;如果采用双端口 RAM 实现,支持同时读、写,交换单元的交换能力可以按照 12.8Gb/s 进行估算。

图 5-2 给出一个包括 N 个端口的共享存储交换结构。其各个组成部分的基本功能如下。

(1) 输入接口。来自 N 个输入端口的 IP 包经过路由查找等前级处理后得到包括输出端口映射位图和转发优先级在内的转发控制信息。IP 包在进入交换结构之前需要进行分割,IP 包带有本地头(包含转发控制信息),本地头中包含了数据包长度、输出映射位图、转发优先级等信息。来自不同输入端口、经过分割的数据包在交换结构的输入接口处进行合路,成为一路高速数据流(合路电路也可以出现在前级,先合路再进入交换结构,此时输入接口不需要实现合路功能)。此后,输入接口会根据当前 IP 包的转发优先级,检查信元存储器的使用量情况,判断是否接受当前输入的数据包。如果可以接受,则从空闲地址(指针)队列管理器中读出一个指针(地址),然后将当前信元写入该存储空间,并将指针根据输出映射位图写入对应的队列控制器(Queue Controller,QC)中。如果不可以接受,那么输入接口将根据相关算法丢弃该当前 IP 包对应的所有信元。

(2) 空闲(自由)地址(指针)队列管理器。在交换结构进行初始化时,它存储着信元存储器的全部空闲(自由)地址指针,自由指针存储器(缓冲区)深度与信元存储器(缓冲区)能够存储的信元个数相同。有信元需要写入信元存储器时,外部电路首先从本电路读出一个自由指针,根据自由指针生成信元存储器的写入地址并进行写入操作;外部电路同时会根据信元对应的 portmap 信息,判断其是单播信元还是组播信元,然后以自由指针为地址,向多播计数存储器写入此信元需要转发的次数。如果是单播信元,只转发 1 次,如果是多播信元,则写入具体需要转发的次数。交换结构进行信元写入操作的同时,将此自由指针写入相应输出端口的队列控制器(QC)。当交换结构从一个 QC 读出一个待发送信元的指针并将对应的信元从信元存储器中读出后,会根据当前信元的读指针读出相应多播计数器的值,如果转发次数为 1,则将当前指针写入空闲地址队列管理器;否则将当前的多播计数值减 1 后重新写入多播计数存储器。

(3) 队列控制器 QC。每个队列控制器对应着一个输出端口,管理着该端口的输出逻辑队列。有一些交换结构支持多个优先级,因此一个 QC 内部有多个具有不同优先级的子队列。

(4) 输出接口。它以公平轮询的方式检查各个 QC 是否有输出请求,如果某个 QC 有输出请求则取出 QC 提供的信元指针(信元在存储区中的存储地址),从片外存储器中将信元读出并交给对应的输出端口。此后输出接口将指针交还给空闲地址队列管理器,由它根据该指针对应的组播计数器的值决定是否将指针归还到空闲地址队列。

(5) 信元存储器。信元存储器可以位于片外(如图 5-2 中所示),也可位于片内。位于片外时,其存储空间可以很大,但读写访问速度慢;位于片内时,其读写速度可以达到最大,但存储容量通常较小。存储器的读写访问带宽直接决定了共享存储交换结构的吞吐率。

在共享存储交换单元内部,需要在多个电路中使用不同类型的调度器。如图 5-2 所示,图中的交换结构共使用了两种调度器,包括位于每个 QC 内部,对 8 个具有不同优先级的子队列进行输出调度的调度器(可采用 SP、WRR 等调度算法)和 N 个 QC 请求从存储器读入信元时使用的 RR 调度器,以及对数据存储器(图中的片外存储器)进行写入和读出仲裁的 RR 调度器。

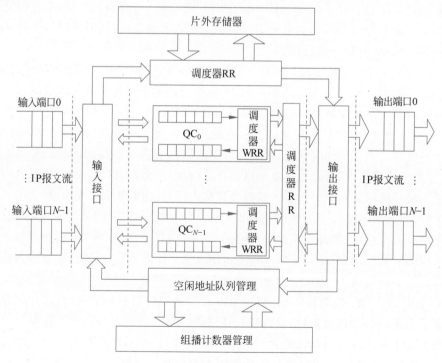

图 5-2 典型 N 端口共享存储交换结构

5.2　共享缓存交换结构及工作流程

图 5-3 是一个支持 4 个输出端口的共享缓存输出排队交换结构的电路框图,它同时是一个队列管理器。

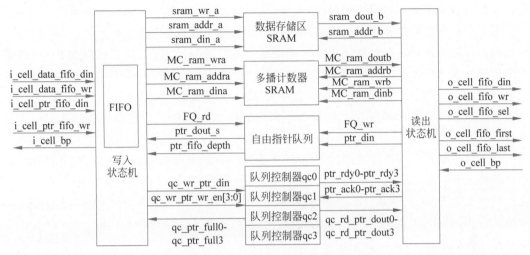

图 5-3　队列管理器电路内部结构图

下面分别介绍各组成部分的功能。

写入状态机:队列管理器的写入状态机负责本级电路和前级电路之间的数据交互。前级电路交给写入状态机的是完成数据包分割后得到的定长内部信元(长度为 64 字节)以及与该数据包对应的指针信息(包括该数据包分割后的信元数、信元转发优先级、输出端口映射位图等)。写入状态机管理着两个 FIFO(输入接口 FIFO),用于存储输入数据包对应的信元和对应的指针。i_cell_data_fifo_wr 就是信元输入时对该 FIFO 的写信号。i_cell_data_fifo_din 是前级输入数据,在本电路中,我们将其位宽设置为 128 比特,通过这种方式,增大交换结构的内部带宽。i_cell_ptr_fifo_din 是输入的指针,位宽为 16,其中 i_cell_ptr_fifo_din[5:0]是当前写入的数据包中包括多少个信元;i_cell_ptr_fifo_din[11:8]是输出端口映射位图,用于选择从本电路的哪个端口输出;i_cell_ptr_fifo_din[14:12]是转发优先级,取值为 0~7,7 为最高优先级。i_cell_ptr_fifo_wr 是指针 FIFO 写入控制信号。i_cell_bp 是输入接口 FIFO 给前级的反压信号,当数据 FIFO 不能接收一个最大数据包或指针 FIFO "满"时其为 1,此时外部数据包不允许写入,以避免输入接口 FIFO 溢出。

数据存储区(SRAM):SRAM 是本电路的数据存储区,也是整个交换单元的主存储区。

多播计数器:有的信元是去往多个输出端口的,每个共享数据缓冲区中的信元都有一个对应的多播计数器值,这个值是该信元要去往的输出端口总数。例如,某信元对应的多播计数值是 1,表示该信元要去往一个端口,即该信元为单播信元;如果是 4,就表示要去往 4 个端口,这个值是由信元输入时对应的 portmap 决定的。我们使用一个双端口 RAM 存储多播计数值,信元输入时,从 A 端口写入其对应的多播计数值;在信元从某端口输出后,我们从 B 端口对多播计数值进行更新。

自由指针队列：在 SRAM 主存储区中，每个 64 字节的数据块对应着一个自由指针，当有信元到达时，我们首先从自由指针队列中读取一个自由指针，然后依据这个指针将数据写入 SRAM 中。如果一个指针对应的信元被读出，并且多播计数器当前值为 1，则该指针会被写入自由指针队列中。

队列控制器（Queue Controller，QC）：针对每个输出端口都有一个队列控制器，它采用链表结构管理从某个端口输出的分组，本设计中包括 8 个逻辑队列，对应 8 个输出优先级。

下面分析一个数据包进入队列管理器后的具体操作流程。例如，某个含有 3 个信元的数据包需要输入缓冲区管理器。缓冲区管理器会根据图 5-3 中写入状态机内部 FIFO 的数据深度判断输入缓冲区能否接收一个完整的最大数据包以及指针 FIFO 是否非满，若二者同时满足，则 i_cell_bp 为 0，否则为 1，表示有反压，无法接收当前数据帧对应的所有信元。当前数据包的所有信元都写入输入接口缓冲区的同时，数据帧对应的指针被写入接口指针缓冲区。

写入状态机在接口指针缓冲区非空、本电路所维护的共享数据缓冲区有剩余空间（自由指针缓冲区非空）时，会从自由指针队列中读出一个指针，从输入接口缓冲区中读出一个信元并写入指针所指向的 64 字节存储块中。这个指针被写入其 portmap 对应的 QC 中（portmap 中的每个比特对应一个输出端口，同时对应该端口的 QC）。同时，写入状态机会以该指针为地址，在多播计数器中写一个多播计数值，这个数值与 portmap 中 1 的个数相同。当某个输出端口对应的 QC 申请发送数据分组时，通过将自己的 ptr_rdy 信号置 1 表示有信元可以读出。队列管理器中的读出状态机在 4 个输出端口的 QC 之间进行轮询，若发现某个 QC 中有待发送的分组，就将该队列首部的指针取出，然后根据此指针，从 SRAM 中将对应的信元读出，通过 o_cell_fifo_sel、o_cell_fifo_wr、o_cell_fifo_din 三个信号，将其送往对应的输出端口，同时，根据该指针，从多播计数器 RAM 的 B 端口对其多播计数值进行更新，若当前多播计数值为 1，表示该信元已经完成发送，可以将这个指针重新归还到自由指针队列当中。

需要说明的是，为了保证高优先级的业务能够获得更多的存储空间，电路中设置了 8 个反压门限，用于标记 8 个剩余缓冲区容量值。优先级越高，反压门限值越小，表示剩余缓冲区容量很小时，高优先级业务还可以被接受；优先级低的业务，在剩余缓冲区容量还相对较大时，就不能再被接受了。本设计中，不同优先级对应剩余缓冲区门限值如下，基本单位为内部信元个数。例如，PRI7_TH = 10'd32，表示剩余可用缓冲区深度小于 32 个信元时，不再接受优先级为 7 的信元（最高优先级信元）。

```
parameter        PRI7_TH = 10'd32,
                 PRI6_TH = 10'd64,
                 PRI5_TH = 10'd96,
                 PRI4_TH = 10'd128,
                 PRI3_TH = 10'd160,
                 PRI2_TH = 10'd192,
                 PRI1_TH = 10'd224,
                 PRI0_TH = 10'd256;
```

图 5-4 是 switch_core 电路的符号图，其端口信号及具体定义如表 5-1 所示。

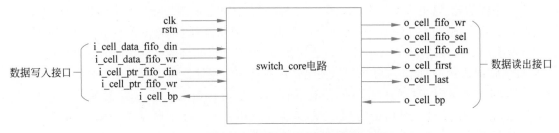

图 5-4　switch_core 电路符号图

表 5-1　switch_core 电路的外部端口及具体定义

端 口 名 称	I/O 类型	位宽/比特	含 义
clk	input	1	时钟
rstn	input	1	复位信号
i_cell_data_fifo_din	input	128	分组数据输入,位宽为 128 比特,每 4 个时钟周期写入一个 64 字节的内部信元
i_cell_data_fifo_wr	input	1	数据写信号,高电平有效
i_cell_ptr_fifo_din	input	16	当前写入数据包对应的指针, 比特[7:0]是当前数据包对应的信元数(实际只使用了低 6 位); 比特[11:8]是输出端口映射位图; 比特[14:12]是分组转发优先级
i_cell_ptr_fifo_wr	input	1	当前数据包指针写信号,高电平有效
i_cell_bp	output	1	给前级电路的反压信号,为 1 时表示当前输入接口缓冲区不能接受一个最大帧,前级可能会因此将待写入的数据包丢弃
o_cell_fifo_wr	output	1	信元输出写信号
o_cell_fifo_sel	output	4	信元输出端口选择信号,哪个比特为 1 表示选择哪个输出端口
o_cell_fifo_din	output	128	信元数据输出
o_cell_first	output	1	输出首信元指示,输出一个分组的首信元时为 1
o_cell_last	output	1	输出尾信元指示,输出一个分组的尾信元时为 1
o_cell_bp	output	4	交换单元后级的 4 个输出端口电路给本级的反压信号,哪个比特为 1 表示该输出端口内部的数据缓冲区无法接受一个最大数据分组,此时队列管理器不应向该端口发送数据分组

5.2.1　switch_core 中的自由指针队列管理电路

图 5-3 中的 SRAM 是一个容量较大的存储器,是交换结构的共享缓冲区。一个可以存储 512 个信元的 SRAM(每个信元长度为 64 字节)的存储深度为 512(信元),与之相对应的是一个深度同样为 512 的自由指针存储器,存储着指针值 0～511。本电路中,自由指针的位宽为 10 比特(实际使用了 9 比特,预留 1 比特是为了便于进行缓冲区扩展),每个自由指针对应着一个在 SRAM 中可以存储一个完整信元的存储块。在初始化过程中,我们将 0～511 写入自由指针 FIFO。若 SRAM 位宽为 128 比特,则 4 个 128 比特的存储单元可以存

一个完整的信元,这也说明一个信元在存入 SRAM 中时会占用 4 个 128 比特的存储单元,这时,我们除了使用自由指针外,还应该在其低位上加两位计数值,取值为 00~11,加在一起才是我们真正使用的 SRAM 地址。也就是说,我们申请的自由指针指向的是这个信元存入 SRAM 时占用的数据存储块编号,使用自由指针和两位计数值进行并位运算后的值作为地址时,指向的才是确切的数据存储位置,如图 5-5 所示。需要注意的是,存储信元时使用的计数值 00 到 11 并不是固定的,是与存储器位宽相关的。在本电路中,SRAM 的位宽为 128 比特,那么一个 64 字节的信元需要分 4 次存入 SRAM,此时的计数值为 00~11;若将 SRAM 位宽改为 64 比特,那么一个 64 字节的信元需要分 8 次才能完全存入,此时,计数值应当改为 000~111。

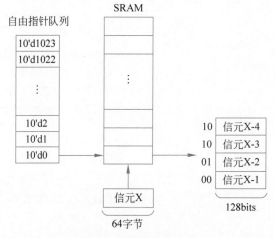

图 5-5　信元存储示意图

数据缓冲区是所有输出端口共享的。在某时刻,如果有大量数据包去往某端口,那么这些数据包可能占据较大的数据缓冲区,如果没有去往某个端口的数据,则该端口不会占用数据缓冲区。

在本设计中,实现自由指针队列功能的是 fq 模块,本质上是一个先入先出的 FIFO,下面是自由指针队列管理电路的设计代码。

```verilog
`timescale 1ns / 1ps
module fq(
input               clk,
input               rstn,
input       [15:0]  ptr_din,
input               FQ_wr,
input               FQ_rd,
output      [9:0]   ptr_dout_s,
output      [9:0]   ptr_fifo_depth
);
reg     [2:0]   FQ_state;
reg     [9:0]   addr_cnt;
reg     [9:0]   ptr_fifo_din;
reg             ptr_fifo_wr;
always@(posedge clk or negedge rstn)
    if(!rstn)
        begin
```

```
            FQ_state <= #2 0;
            addr_cnt <= #2 0;
            ptr_fifo_wr <= #2 0;
            end
        else begin
            ptr_fifo_wr <= #2 0;
            ptr_fifo_din <= #2 ptr_din[9:0];
            //在下面的状态机中增加了几个复位后的过渡状态,等待 FIFO 完成复位操作,正常工作时
            //不会再次进入这些状态
            case(FQ_state)
            0:FQ_state <= #2 1;
            1:FQ_state <= #2 2;
            2:FQ_state <= #2 3;
            3:FQ_state <= #2 4;
            //在状态4进行共享缓冲区可用指针初始化操作,将 0~511 共 512 个指针写入指针缓冲
            //区,这里指针位宽为 10 比特,最大可以支持 1024 个指针,此处只使用了 512 个指针
            4:begin
                ptr_fifo_din <= #2 addr_cnt;
                if(addr_cnt < 10'h1ff)
                    addr_cnt <= #2 addr_cnt + 1;
                if(ptr_fifo_din < 10'h1ff)
                    ptr_fifo_wr <= #2 1;
                else begin
                    FQ_state <= #2 5;
                    ptr_fifo_wr <= #2 0;
                    end
                end
            5:begin                  //归还自由指针
                if(FQ_wr)ptr_fifo_wr <= #2 1;
                end
            endcase
        end
//注意,这里 sfifo_ft_w10_d512 表示此 FIFO 位宽为 10 比特,深度为 512,采用 fall through 模式的
//FIFO,其读操作方式与通用 FIFO 不同
sfifo_ft_w10_d512 u_ptr_fifo(
    .clk(clk),
    .srst(!rstn),
    .din(ptr_fifo_din[9:0]),
    .wr_en(ptr_fifo_wr),
    .rd_en(FQ_rd),
    .dout(ptr_dout_s[9:0]),
    .empty(),
    .full(),
    .data_count(ptr_fifo_depth[9:0])
    );
endmodule
```

注意,在上面的电路中,系统复位后 FQ_state 经过几个过渡状态后才进入工作状态,原因是某些 FIFO IP 核的复位需要经过几个时钟周期才能完成,插入状态是为了等待其复位完成后再进行初始化。

5.2.2 队列控制器电路

本节将介绍队列控制器电路的工作机制。8 优先级队列控制器内部电路结构如图 5-6

所示,其在队列管理器中的位置如图 5-3 所示。

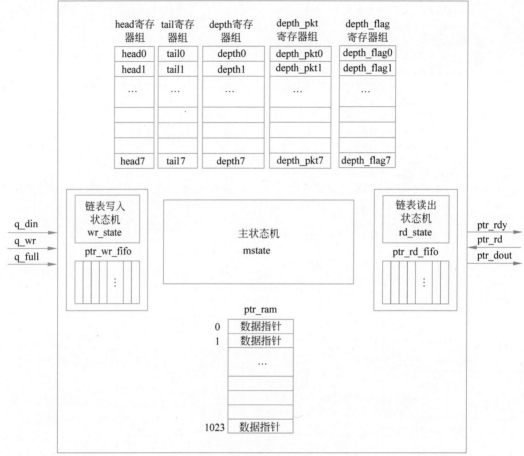

图 5-6　8 优先级队列控制器内部电路结构

在图 5-6 中包括三个状态机,一个是写入状态机,用于临时缓存队列管理器写入的指针,向主状态机发送写入请求;一个是读出状态机,用于向主状态机发送读出请求,临时缓存待输出的指针;另一个是主状态机,用于控制指针链表的建立和拆除,维护逻辑队列的状态,管理逻辑队列。

此处设计的队列控制器共维护 8 个逻辑队列,它们共用一个链表缓冲区。每个逻辑队列的头、尾、长度以及是否存储着完整的数据分组等信息,通过 head、tail、depth、depth_pkt、depth_flag 这 5 个寄存器进行维护。其中:

head:链表(逻辑队列)的头指针;

tail:链表(逻辑队列)的尾指针;

depth:链表(逻辑队列)中包括的内部信元数量;

depth_pkt:链表(逻辑队列)中包括的完整分组数量;

depth_flag:链表(逻辑队列)中是否有完整的数据分组,1 表示有,0 表示无。

下面是队列控制器的设计代码。

```
// ====================================================================
// q_din[15:0]的数据结构:
```

//q_din[15]: 为尾指针指示比特,其为 1 表示当前指针指向一个帧的最后一个信元
//q_din[14]: 为头指针指示比特,其为 1 表示当前指针指向一个帧的第一个信元,此处的指针位宽
//为 16 比特,低 9 位有效
// ==
```verilog
`timescale 1ns / 1ps
module qc_8_ch(
input                    clk,
input                    rstn,
//指针写入端口
input        [15:0]      q_din,
input                    q_wr,
output                   q_full,
//指针读出端口
output                   ptr_rdy,
input                    ptr_rd,
output       [15:0]      ptr_dout
);
reg    [15:0]    ptr_din;
reg    [2:0]     ptr_dlp;
reg             ptr_wr_req;
reg             q_rd;
wire   [15:0]    q_dout;
wire            q_empty;
//指针写入 FIFO,用于对写入的指针进行本地缓冲
sfifo_ft_w16_d32 u_ptr_wr_fifo (
.clk(clk),
.srst(!rstn),
.din(q_din[15:0]),
.wr_en(q_wr),
.rd_en(q_rd),
.dout(q_dout),
.full(q_full),
.empty(q_empty),
.data_count()
);
```
// ==
//本电路中使用了三个状态机,一个为 wr_state,用于进行链表写入申请;一个为 rd_state,用于进
//行指针读出申请;一个为 mstate,用于对链表进行维护。这样做是因为链表存储于 SRAM 中,不能
//同时对链表存储区进行读写操作,因此指针写入和读出操作都需要使用请求 - 应答方式
// ==
```verilog
reg    [1:0]     wr_state;
reg             ptr_wr_ack;
always@(posedge clk or negedge rstn)
    if(!rstn)begin
        ptr_din <= #2  0;
        ptr_dlp <= #2  0;
        ptr_wr_req <= #2 0;
        q_rd <= #2  0;
        wr_state <= #2  0;
        end
    else begin
        //本状态机负责从输入指针 FIFO 中读出指针,以请求 - 应答方式通过 mstate
        //写入链表中
        case(wr_state)
```

```
        0:begin
            if(!q_empty)begin
                q_rd        <= #2  1;
                wr_state    <= #2  1;
                end
            end
        1:begin
            q_rd            <= #2  0;
            ptr_din         <= #2  {q_dout[15:14],4'b0,q_dout[9:0]};
            ptr_dlp         <= #2  q_dout[12:10];
            ptr_wr_req      <= #2  1;
            wr_state        <= #2  2;
            end
        2:begin
            if(ptr_wr_ack)begin
                ptr_wr_req  <= #2  0;
                wr_state    <= #2  0;
                end
            end
        endcase
        end
// ==========================================================================
//ptr_rd_fifo_din: 从链表读出的指针
//ptr_rd_fifo_ack: mstate 给 rd_state 的读请求应答信号,同时作为输出指针写入输出指针 FIFO
//的写控制信号
//head: 链表头指针寄存器
//tail: 链表尾指针寄存器
//depth: 当前链表中完整信元的个数
//depth_pkt: 当前链表中完整数据包的个数
//depth_flag: 当前链表中有完整数据包时为 1,否则为 0
//depth_frame: 当前链表中完整数据包数
// ==========================================================================
reg   [15:0]    head, tail;
reg   [13:0]    depth,depth_pkt;
reg             depth_flag;
reg   [15:0]    head0,tail0;
reg   [15:0]    head1,tail1;
reg   [15:0]    head2,tail2;
reg   [15:0]    head3,tail3;
reg   [15:0]    head4,tail4;
reg   [15:0]    head5,tail5;
reg   [15:0]    head6,tail6;
reg   [15:0]    head7,tail7;
reg   [13:0]    depth0,depth1,depth2,depth3,
                depth4,depth5,depth6,depth7;
reg   [13:0]    depth_pkt0,depth_pkt1,depth_pkt2,depth_pkt3,
                depth_pkt4,depth_pkt5,depth_pkt6,depth_pkt7;
reg             depth_flag0,depth_flag1,depth_flag2,depth_flag3,
                depth_flag4,depth_flag5,depth_flag6,depth_flag7;
reg   [15:0]    ptr_ram_din;
wire  [15:0]    ptr_ram_dout;
reg             ptr_ram_wr;
reg   [9:0]     ptr_ram_addr;
reg   [2:0]     ptr_rd_dlp;
```

```verilog
reg     [2:0]    ptr_rd_dlp_reg;
reg              ptr_rd_fifo_ack;
wire             ptr_rd_fifo_full;
wire             ptr_rd_fifo_empty;
reg              ptr_rd_req;
reg     [15:0]   ptr_rd_fifo_din;
reg     [3:0]    mstate;
always@(posedge clk or negedge rstn)
    if(!rstn) begin
        mstate <= #2  0;
        ptr_ram_wr <= #2  0;
        ptr_wr_ack <= #2  0;
        ptr_rd_fifo_ack <= #2  0;
        ptr_ram_din <= #2  0;
        ptr_ram_addr <= #2  0;
        depth_flag <= #2 0;
        head <= #2 0;        tail <= #2 0;
        depth <= #2 0;       depth_pkt <= #2 0;       depth_flag <= #2 0;
        head0 <= #2 0;       tail0 <= #2 0;
        depth0 <= #2 0;      depth_pkt0 <= #2 0;      depth_flag0 <= #2 0;
        head1 <= #2 0;       tail1 <= #2 0;
        depth1 <= #2 0;      depth_pkt1 <= #2 0;      depth_flag1 <= #2 0;
        head2 <= #2 0;       tail2 <= #2 0;
        depth2 <= #2 0;      depth_pkt2 <= #2 0;      depth_flag2 <= #2 0;
        head3 <= #2 0;       tail3 <= #2 0;
        depth3 <= #2 0;      depth_pkt3 <= #2 0;      depth_flag3 <= #2 0;
        head4 <= #2 0;       tail4 <= #2 0;
        depth4 <= #2 0;      depth_pkt4 <= #2 0;      depth_flag4 <= #2 0;
        head5 <= #2 0;       tail5 <= #2 0;
        depth5 <= #2 0;      depth_pkt5 <= #2 0;      depth_flag5 <= #2 0;
        head6 <= #2 0;       tail6 <= #2 0;
        depth6 <= #2 0;      depth_pkt6 <= #2 0;      depth_flag6 <= #2 0;
        head7 <= #2 0;       tail7 <= #2 0;
        depth7 <= #2 0;      depth_pkt7 <= #2 0;      depth_flag7 <= #2 0;
        end
    else begin
        ptr_wr_ack      <= #2  0;       //给 ptr_wr_ack 赋默认值
        ptr_rd_fifo_ack <= #2  0;       //给 ptr_rd_ack 赋默认值
        ptr_ram_wr      <= #2  0;       //给 ptr_ram_wr 赋默认值
        case(mstate)
        0:begin
            if(ptr_rd_req) begin
                case(ptr_rd_dlp)
                3'b000: begin
                    head <= #2 head0;        tail <= #2 tail0;
                    depth <= #2 depth0;      depth_pkt <= #2 depth_pkt0;
                    depth_flag <= #2 depth_flag0;
                    ptr_ram_addr <= #2 head0[9:0];
                    end
                3'b001: begin
                    head <= #2 head1;        tail <= #2 tail1;
                    depth <= #2 depth1;      depth_pkt <= #2 depth_pkt1;
                    depth_flag <= #2 depth_flag1;
                    ptr_ram_addr <= #2 head1[9:0];
```

```verilog
                    end
            3'b010: begin
                head <= #2 head2;        tail <= #2 tail2;
                depth <= #2 depth2;      depth_pkt <= #2 depth_pkt2;
                depth_flag <= #2 depth_flag2;
                ptr_ram_addr <= #2 head2[9:0];
                end
            3'b011: begin
                head <= #2 head3;        tail <= #2 tail3;
                depth <= #2 depth3;      depth_pkt <= #2 depth_pkt3;
                depth_flag <= #2 depth_flag3;
                ptr_ram_addr <= #2 head3[9:0];
                end
            3'b100: begin
                head <= #2 head4;        tail <= #2 tail4;
                depth <= #2 depth4;      depth_pkt <= #2 depth_pkt4;
                depth_flag <= #2 depth_flag4;
                ptr_ram_addr <= #2 head4[9:0];
                end
            3'b101: begin
                head <= #2 head5;        tail <= #2 tail5;
                depth <= #2 depth5;      depth_pkt <= #2 depth_pkt5;
                depth_flag <= #2 depth_flag5;
                ptr_ram_addr <= #2 head5[9:0];
                end
            3'b110: begin
                head <= #2 head6;        tail <= #2 tail6;
                depth <= #2 depth6;      depth_pkt <= #2 depth_pkt6;
                depth_flag <= #2 depth_flag6;
                ptr_ram_addr <= #2 head6[9:0];
                end
            3'b111: begin
                head <= #2 head7;        tail <= #2 tail7;
                depth <= #2 depth7;      depth_pkt <= #2 depth_pkt7;
                depth_flag <= #2 depth_flag7;
                ptr_ram_addr <= #2 head7[9:0];
                end
            endcase
            ptr_rd_dlp_reg <= #2 ptr_rd_dlp;
            mstate <= #2 4;
            end
        else if(ptr_wr_req) begin
            mstate <= #2 1;
            case(ptr_dlp)
            3'b000: begin
                head <= #2 head0;   tail <= #2 tail0;
                depth <= #2 depth0; depth_pkt <= #2 depth_pkt0;
                depth_flag <= #2 depth_flag0;
                end
            3'b001: begin
                head <= #2 head1;   tail <= #2 tail1;
                depth <= #2 depth1; depth_pkt <= #2 depth_pkt1;
                depth_flag <= #2 depth_flag1;
                end
```

```
3'b010: begin
    head <= #2 head2;   tail <= #2 tail2;
    depth <= #2 depth2; depth_pkt <= #2 depth_pkt2;
    depth_flag <= #2 depth_flag2;
    end
3'b011: begin
    head <= #2 head3;   tail <= #2 tail3;
    depth <= #2 depth3; depth_pkt <= #2 depth_pkt3;
    depth_flag <= #2 depth_flag3;
    end
3'b100: begin
    head <= #2 head4;   tail <= #2 tail4;
    depth <= #2 depth4; depth_pkt <= #2 depth_pkt4;
    depth_flag <= #2 depth_flag4;
    end
3'b101: begin
    head <= #2 head5;   tail <= #2 tail5;
    depth <= #2 depth5; depth_pkt <= #2 depth_pkt5;
    depth_flag <= #2 depth_flag5;
    end
3'b110: begin
    head <= #2 head6;   tail <= #2 tail6;
    depth <= #2 depth6; depth_pkt <= #2 depth_pkt6;
    depth_flag <= #2 depth_flag6;
    end
3'b111: begin
    head <= #2 head7;   tail <= #2 tail7;
    depth <= #2 depth7; depth_pkt <= #2 depth_pkt7;
    depth_flag <= #2 depth_flag7;
    end
    endcase
    end
end
// =============================================================
//状态 1、2 控制链表写入
// =============================================================
1:begin
    //如果当前队列非空,将指针加入链表尾部
    if(depth[9:0]) begin
        ptr_ram_wr <= #2   1;
        ptr_ram_addr[9:0] <= #2   tail[9:0];
        ptr_ram_din[15:0] <= #2   ptr_din[15:0];
        tail <= #2 ptr_din;
        end
    //如果当前队列空,将指针同时作为链表的头和尾
    else begin
        ptr_ram_wr <= #2   1;
        ptr_ram_addr[9:0] <= #2   ptr_din[9:0];
        ptr_ram_din[15:0] <= #2   ptr_din[15:0];
        tail <= #2   ptr_din;
        head <= #2   ptr_din;
        end
    //增加当前链表信元深度,如果是一个分组的最后一个信元,则增加队列中的数据分组数
    depth <= #2 depth + 1;
```

```
            if(ptr_din[15]) begin
                depth_pkt <= #2 depth_pkt + 1;
                depth_flag <= #2 1;
                end
        mstate <= #2  2;
        end
   2:  begin
        ptr_wr_ack <= #2  1;
        case(ptr_dlp)
        3'b000: begin
            head0 <= #2 head;      tail0 <= #2 tail;
            depth0 <= #2 depth;    depth_pkt0 <= #2 depth_pkt;
            depth_flag0 <= #2 depth_flag;
            end
        3'b001: begin
            head1 <= #2 head;      tail1 <= #2 tail;
            depth1 <= #2 depth;    depth_pkt1 <= #2 depth_pkt;
            depth_flag1 <= #2 depth_flag;
            end
        3'b010: begin
            head2 <= #2 head;      tail2 <= #2 tail;
            depth2 <= #2 depth;    depth_pkt2 <= #2 depth_pkt;
            depth_flag2 <= #2 depth_flag;
            end
        3'b011: begin
            head3 <= #2 head;      tail3 <= #2 tail;
            depth3 <= #2 depth;    depth_pkt3 <= #2 depth_pkt;
            depth_flag3 <= #2 depth_flag;
            end
        3'b100: begin
            head4 <= #2 head;      tail4 <= #2 tail;
            depth4 <= #2 depth;    depth_pkt4 <= #2 depth_pkt;
            depth_flag4 <= #2 depth_flag;
            end
        3'b101: begin
            head5 <= #2 head;      tail5 <= #2 tail;
            depth5 <= #2 depth;    depth_pkt5 <= #2 depth_pkt;
            depth_flag5 <= #2 depth_flag;
            end
        3'b110: begin
            head6 <= #2 head;      tail6 <= #2 tail;
            depth6 <= #2 depth;    depth_pkt6 <= #2 depth_pkt;
            depth_flag6 <= #2 depth_flag;
            end
        3'b111: begin
            head7 <= #2 head;      tail7 <= #2 tail;
            depth7 <= #2 depth;    depth_pkt7 <= #2 depth_pkt;
            depth_flag7 <= #2 depth_flag;
            end
        endcase
        mstate <= #2 3;
        end
   3: mstate <= #2 0;
```

```verilog
// ================================================================
//                    读操作相关状态
// ================================================================
4:  begin
    ptr_rd_fifo_din <= #2 head;
    ptr_rd_fifo_ack <= #2 1;
    mstate          <= #2 5;
    end
5:  begin
    head            <= #2 ptr_ram_dout;
    if(depth>1)    depth <= #2 depth-1;
    else           depth <= #2 0;
    if(head[15]) begin
        depth_pkt <= #2 depth_pkt-1;
        if(depth_pkt>1)depth_flag <= #2 1;
        else depth_flag <= #2 0;
        end
    mstate  <= #2 6;
    end
6:  begin
    case(ptr_rd_dlp_reg)
    3'b000:begin
        head0 <= #2 head;
        depth0 <= #2 depth;
        depth_pkt0 <= #2 depth_pkt;
        depth_flag0 <= #2 depth_flag;
        end
    3'b001:begin
        head1 <= #2 head;
        depth1 <= #2 depth;
        depth_pkt1 <= #2 depth_pkt;
        depth_flag1 <= #2 depth_flag;
        end
    3'b010:begin
        head2 <= #2 head;
        depth2 <= #2 depth;
        depth_pkt2 <= #2 depth_pkt;
        depth_flag2 <= #2 depth_flag;
        end
    3'b011:begin
        head3 <= #2 head;
        depth3 <= #2 depth;
        depth_pkt3 <= #2 depth_pkt;
        depth_flag3 <= #2 depth_flag;
        end
    3'b100:begin
        head4 <= #2 head;
        depth4 <= #2 depth;
        depth_pkt4 <= #2 depth_pkt;
        depth_flag4 <= #2 depth_flag;
        end
    3'b101:begin
        head5 <= #2 head;
        depth5 <= #2 depth;
```

```
                              depth_pkt5 < = #2 depth_pkt;
                              depth_flag5 < = #2 depth_flag;
                              end
                        3'b110:begin
                              head6 < = #2 head;
                              depth6 < = #2 depth;
                              depth_pkt6 < = #2 depth_pkt;
                              depth_flag6 < = #2 depth_flag;
                              end
                        3'b111:begin
                              head7 < = #2 head;
                              depth7 < = #2 depth;
                              depth_pkt7 < = #2 depth_pkt;
                              depth_flag7 < = #2 depth_flag;
                              end
                        endcase
                        mstate < = #2 0;
                        end
                  endcase
                  end
      // ===============================
      //          指针链表存储区
      // ===============================
      sram_w16_d1k u_ptr_ram (
        .clka(clk),
        .wea(ptr_ram_wr),
        .addra(ptr_ram_addr[9:0]),
        .dina(ptr_ram_din),
        .douta(ptr_ram_dout)
      );
      // =====================================================================
      //本状态机在输出指针FIFO非满,链表中有完整的数据帧时申请按照优先级读出指针并缓冲在FIFO
      //中,供外部电路读取
      // =====================================================================
      reg       [1:0]       rd_state;
      wire      [7:0]       depth_flag_req;
      assign    depth_flag_req =   {depth_flag0,depth_flag1,
                                   depth_flag2,depth_flag3,
                                   depth_flag4,depth_flag5,
                                   depth_flag6,depth_flag7};
      wire last_cell_ptr;
      assign   last_cell_ptr = ptr_rd_fifo_din[15];
      always@ (posedge clk or negedge rstn)
          if(!rstn) begin
              ptr_rd_req    < = #2 0;
              ptr_rd_dlp    < = #2 0;
              rd_state < = #2 0;
              end
          else
              begin
              case(rd_state)
              0:begin
                  if((depth_flag_req > 8'b0)& !ptr_rd_fifo_full) begin
                      casex(depth_flag_req)
```

```
                    8'bxxxx_xxx1: ptr_rd_dlp <= #2 7;
                    8'bxxxx_xx10: ptr_rd_dlp <= #2 6;
                    8'bxxxx_x100: ptr_rd_dlp <= #2 5;
                    8'bxxxx_1000: ptr_rd_dlp <= #2 4;
                    8'bxxx1_0000: ptr_rd_dlp <= #2 3;
                    8'bxx10_0000: ptr_rd_dlp <= #2 2;
                    8'bx100_0000: ptr_rd_dlp <= #2 1;
                    8'b1000_0000: ptr_rd_dlp <= #2 0;
                    endcase
                    ptr_rd_req    <= #2 1;
                    rd_state      <= #2 1;
                    end
                end
            1:begin
                if(ptr_rd_fifo_ack)begin
                    ptr_rd_req    <= #2  0;
                    if(last_cell_ptr) rd_state <= #2  3;
                    else rd_state <= #2 2;
                    end
                end
            2:begin
                if(!ptr_rd_fifo_full)begin
                    ptr_rd_req     <= #2 1;
                    rd_state   <= #2 1;
                    end
                end
            3:rd_state <= #2  0;
            endcase
            end
//输出缓冲,使用的是 fall through 模式的 FIFO
sfifo_ft_w16_d32 u_ptr_rd_fifo (
.clk     (clk),
.srst    (!rstn),
.din     (ptr_rd_fifo_din[15:0]),
.wr_en   (ptr_rd_fifo_ack),
.rd_en   (ptr_rd),
.dout    (ptr_dout[15:0]),
.full    (ptr_rd_fifo_full),
.empty   (ptr_rd_fifo_empty),
.data_count  ()
);
assign   ptr_rdy = !ptr_rd_fifo_empty;
endmodule
```

对于 qc_8_ch.v 的仿真分析,可以和整个交换单元共同进行,这里不再单独给出。

5.2.3　switch_core 电路

本节将介绍队列管理器电路的工作机制。队列管理器电路的结构在图 5-3 中已经给出,其中的写入状态机和读出状态机控制着队列管理器 switch_core 的写入和读出操作。

写入状态机用于接收并存储前级传输的信元,主要完成申请自由指针、进行多播计数、存储信元、将自由指针写入对应的 QC 等工作。读出状态机用于轮询各输出端口对应的 QC,读出待发送分组的信元指针,从数据存储区中将信元读出并发送给后级电路,主要完成读取输出信元指针、读取信元、修改多播计数器、归还自由指针等工作。

写入和读出状态机中都会涉及对多播计数器的操作,这里做进一步的说明。数据包在前级电路中,通过路由查找,可以得到输出端口映射位图并存放于本地头中。在队列管理器中,对于单播数据包,每将一个信元从输出端口输出后,都会立即将对应的指针写入自由指针队列。当遇到多播信元时,每将多播信元输出一次,都需要根据多播计数值做进一步的判断以决定是否应该归还指针。例如,信元 a 需要从 4 个端口中输出,当该信元从端口 1 输出后,我们难以确定其是否已经从其余 3 个端口输出过了。此时,需要使用多播计数器记录输出次数。例如,某信元输入时,输出端口位图为"4'b1101",表示该信元需要从端口 0、端口 2 和端口 3 输出。在申请到自由指针后,我们在多播计数器中以该自由指针为地址,写入计数值 3(表示需要从 3 个端口输出)。每当该信元从某个端口输出一次,就将多播计数器中的数值减 1。当计数器值减 1 后为 0 时,表明该信元已经从三个端口输出,此时应当归还指针。需要说明的是,在信元写入缓冲区时,其对应的指针应该被写入 3 个输出端口对应的队列控制器中。

下面是支持 4 个输出端口,每个端口包括 8 个优先级队列的队列管理器代码。

```verilog
`timescale 1ns / 1ps
module switch_core_pri(
input                       clk,
input                       rstn,
// ==========================================================================
//下面给出的是与前级电路的接口信号,前级电路在本电路反压为 0(i_cell_bp 为 0)时,可以连续地
//将一个完整的数据帧对应的信元写入本电路内部的数据 FIFO 中,然后将对应的指针按照规定的格式
//写入本电路内部的指针 FIFO 中。注意,写入的数据包长度为 64 字节的整数倍,不足 64 字节时,需
//要进行填充补足。i_cell_ptr_fifo_din 是当前数据包对应的指针,定义如下:
//i_cell_ptr_fifo_din[5:0]:数据包具有的内部信元数
//i_cell_ptr_fifo_dout[11:8]: 输出端口映射位图
//i_cell_ptr_fifo_dout[14:12]: 转发优先级
// ==========================================================================
input       [127:0]     i_cell_data_fifo_din,
input                   i_cell_data_fifo_wr,
input       [15:0]      i_cell_ptr_fifo_din,
input                   i_cell_ptr_fifo_wr,
output  reg             i_cell_bp,
// ==========================================================================
//下面给出的是与后级电路的接口信号,后级电路包括 4 个独立的输出端口处理电路,这些电路共用
//o_cell_fifo_din、o_cell_first 和 o_cell_last 信号,通过 o_cell_fifo_sel 确定当前输出数据属
//于哪个输出端口,o_cell_bp 是来自外部输出端口处理电路的反压信号
// ==========================================================================
output  reg             o_cell_fifo_wr,
output  reg  [3:0]      o_cell_fifo_sel,
output      [127:0]     o_cell_fifo_din,
output                  o_cell_first,
output                  o_cell_last,
input       [3:0]       o_cell_bp
);
//双端口 RAM 接口信号,存储用户数据
```

```
wire      [127:0]   sram_din_a;              //sram 输入信号
wire      [127:0]   sram_dout_b;             //sram 输出信号
wire      [11:0]    sram_addr_a;             //sram a 口地址信号
wire      [11:0]    sram_addr_b;             //sram b 口地址信号
wire               sram_wr_a;               //sram a 口写信号
//输入缓冲 FIFO 接口信号,临时存储来自前级的数据包和指针
reg                i_cell_data_fifo_rd;
wire      [127:0]  i_cell_data_fifo_dout;
wire      [8:0]    i_cell_data_fifo_depth;
reg                i_cell_ptr_fifo_rd;
wire      [15:0]   i_cell_ptr_fifo_dout;
wire               i_cell_ptr_fifo_full;
wire               i_cell_ptr_fifo_empty;
reg       [5:0]    cell_number;
reg                i_cell_last;
reg                i_cell_first;
//自由指针队列接口信号
reg       [15:0]   FQ_din;                  //输出信元时,寄存从 qc 模块读取的自由指针
reg                FQ_wr;
reg                FQ_rd;
reg       [9:0]    FQ_dout;                 //写入信元时,寄存从 fq 模块读出的自由指针
wire      [9:0]    FQ_depth;
// =======================================================================
// sram_cnt_a、sram_cnt_b 是 2 比特的计数器,产生信元读写所需的低位地址 2'b00～2'b11,与指针
//并位,产生实际信元读写地址。
//从 sram 中读数据不需要读信号,sram_rd 在这里用作读操作指示。
// sram_rd_dv 是将 sram_rd 延迟一个时钟周期得到的信号,其为 1,表示 sram 当前输出的是有效数据
// =======================================================================
reg       [1:0]    sram_cnt_a;
reg       [1:0]    sram_cnt_b;
reg                sram_rd;
reg                sram_rd_dv;              //sram 输出数据有效指示
//写入状态机相关信号
reg       [3:0]    wr_state;                //写入状态机
reg       [3:0]    qc_portmap;
reg       [3:0]    qc_wr_ptr_wr_en;         //队列控制器写入信号
wire      [9:0]    ptr_dout_s;              //从自由指针队列中申请的指针
reg       [15:0]   qc_wr_ptr_din;           //准备写入 qc 的自由指针
//多播计数器相关信号
wire      [8:0]    MC_ram_addra;            //多播计数器 a 口地址信号
wire      [3:0]    MC_ram_dina;             //多播计数器 a 口输入
reg                MC_ram_wra;              //多播计数器 a 口读写信号
reg                MC_ram_wrb;              //多播计数器 b 口读写信号
reg       [3:0]    MC_ram_dinb;             //多播计数器 b 口输入信号
wire      [3:0]    MC_ram_doutb;            //多播计数器 b 口输出
//输入信元缓冲区,采用 fall through 模式
sfifo_ft_w128_d256 u_i_cell_fifo(
  .clk(clk),
  .srst(!rstn),
  .din(i_cell_data_fifo_din[127:0]),
  .wr_en(i_cell_data_fifo_wr),
  .rd_en(i_cell_data_fifo_rd),
  .dout(i_cell_data_fifo_dout[127:0]),
  .full(),
```

```verilog
    .empty(),
    .data_count(i_cell_data_fifo_depth[8:0])
);
always @(posedge clk)
    i_cell_bp <= #2 (i_cell_data_fifo_depth[8:0]>161) | i_cell_ptr_fifo_full;
//输入指针缓冲区,采用 fall through 模式
sfifo_ft_w16_d32 u_ptr_fifo (
  .clk(clk),                        // input clk
  .srst(!rstn),                     // input rst
  .din(i_cell_ptr_fifo_din),        // input [15 : 0] din
  .wr_en(i_cell_ptr_fifo_wr),       // input wr_en
  .rd_en(i_cell_ptr_fifo_rd),       // input rd_en
  .dout(i_cell_ptr_fifo_dout),      // output [15 : 0] dout
  .full(i_cell_ptr_fifo_full),      // output full
  .empty(i_cell_ptr_fifo_empty),    // output empty
  .data_count()                     // output [5 : 0] data_count
);
// ================================================== //
//                  写入控制状态机
// ================================================== //
wire      [2:0]    i_cell_pri;
reg       [2:0]    i_cell_pri_reg;
assign    i_cell_pri =  i_cell_ptr_fifo_dout[13:11];
parameter          PRI7_TH = 10'd32,
                   PRI6_TH = 10'd64,
                   PRI5_TH = 10'd96,
                   PRI4_TH = 10'd128,
                   PRI3_TH = 10'd160,
                   PRI2_TH = 10'd192,
                   PRI1_TH = 10'd224,
                   PRI0_TH = 10'd256;
wire[9:0]pri_th;
assign  pri_th =  (i_cell_pri[2:0] == 3'b000)? PRI0_TH:
                  (i_cell_pri[2:0] == 3'b001)? PRI1_TH:
                  (i_cell_pri[2:0] == 3'b010)? PRI2_TH:
                  (i_cell_pri[2:0] == 3'b011)? PRI3_TH:
                  (i_cell_pri[2:0] == 3'b100)? PRI4_TH:
                  (i_cell_pri[2:0] == 3'b101)? PRI5_TH:
                  (i_cell_pri[2:0] == 3'b110)? PRI6_TH:PRI7_TH;
wire      fq_bp;
reg       fq_bp_reg;
assign    fq_bp = (FQ_depth <= pri_th)?1:0;
wire qc_ptr_full0, qc_ptr_full1, qc_ptr_full2, qc_ptr_full3;
wire [3:0]qc_ptr_bull;
assign    qc_ptr_bull = {qc_ptr_full3, qc_ptr_full2, qc_ptr_full1, qc_ptr_full0};
always@(posedge clk or negedge rstn)
    if(!rstn)
        begin
        wr_state    <= #2  0;
        FQ_rd       <= #2  0;
        MC_ram_wra  <= #2  0;
        sram_cnt_a  <= #2  0;
        i_cell_data_fifo_rd<= #2 0;
        i_cell_ptr_fifo_rd<= #2 0;
```

```
            qc_wr_ptr_wr_en <= #2 0;
            qc_wr_ptr_din <= #2 0;
            FQ_dout <= #2 0;
            qc_portmap <= #2 0;
            cell_number <= #2 0;
            i_cell_last <= #2 0;
            i_cell_first <= #2 0;
            fq_bp_reg <= #2 0;
            end
    else begin
        MC_ram_wra <= #2 0;
        FQ_rd <= #2 0;
        qc_wr_ptr_wr_en <= #2 0;
        i_cell_ptr_fifo_rd <= #2 0;
        case(wr_state)
        0:begin
            sram_cnt_a <= #2 0;
            i_cell_last <= #2 0;
            i_cell_first <= #2 0;
            if(!i_cell_ptr_fifo_empty & (qc_ptr_bull == 4'b0))begin
                i_cell_data_fifo_rd <= #2 1;
                i_cell_ptr_fifo_rd <= #2 1;
                qc_portmap          <= #2 i_cell_ptr_fifo_dout[11:8];
                fq_bp_reg           <= #2 fq_bp;
                FQ_rd               <= #2 !fq_bp;
                FQ_dout             <= #2 ptr_dout_s;
                cell_number[5:0]    <= #2 i_cell_ptr_fifo_dout[5:0];
                i_cell_pri_reg      <= #2 i_cell_ptr_fifo_dout[14:12];
                i_cell_first        <= #2 1;
                if(i_cell_ptr_fifo_dout[5:0] == 6'b1) i_cell_last <= #2 1;
                wr_state <= #2 1;
                end
            end
        1:begin
            cell_number <= #2 cell_number - 1;
            sram_cnt_a <= #2 1;
            //注意: 写入队列控制器中的指针的[15:14]两个比特分别源自 i_cell_last 和
            //i_cell_first 两个信号
            qc_wr_ptr_din <= #2 { i_cell_last,i_cell_first,
                                1'b0,i_cell_pri_reg[2:0],
                                FQ_dout[9:0]};
            if(qc_portmap[0])qc_wr_ptr_wr_en[0] <= #2 !fq_bp_reg;
            if(qc_portmap[1])qc_wr_ptr_wr_en[1] <= #2 !fq_bp_reg;
            if(qc_portmap[2])qc_wr_ptr_wr_en[2] <= #2 !fq_bp_reg;
            if(qc_portmap[3])qc_wr_ptr_wr_en[3] <= #2 !fq_bp_reg;
            MC_ram_wra <= #2 !fq_bp_reg;
            wr_state <= #2 2;
            end
        2:begin
            sram_cnt_a <= #2 2;
            wr_state <= #2 3;
            end
        3:begin
            sram_cnt_a <= #2 3;
```

```verilog
                    wr_state <= #2 4;
                end
            4:begin
                    i_cell_first <= #2 0;
                    if(cell_number) begin
                        FQ_rd          <= #2 !fq_bp_reg;
                        FQ_dout        <= #2 ptr_dout_s;
                        sram_cnt_a     <= #2 0;
                        wr_state       <= #2 1;
                        if(cell_number == 1) i_cell_last <= #2 1;
                        else i_cell_last <= #2 0;
                        end
                    else begin
                        i_cell_data_fifo_rd <= #2 0;
                        wr_state            <= #2 0;
                        end
                    end
            default:wr_state <= #2 0;
            endcase
            end
assign    sram_wr_a = i_cell_data_fifo_rd & !fq_bp_reg;
assign    sram_addr_a = {FQ_dout[9:0],sram_cnt_a[1:0]};
assign    sram_din_a = i_cell_data_fifo_dout[127:0];
assign    MC_ram_addra = FQ_dout[8:0];
assign    MC_ram_dina = qc_portmap[0] + qc_portmap[1] + qc_portmap[2] + qc_portmap[3];
// ================================================================
//                        读出控制状态机
// ================================================================
reg       [3:0]    rd_state;
wire      [15:0]   qc_rd_ptr_dout0, qc_rd_ptr_dout1, qc_rd_ptr_dout2, qc_rd_ptr_dout3;
reg       [1:0]    RR;
reg       [3:0]    ptr_ack;
wire      [3:0]    ptr_rd_req_pre;
wire      ptr_rdy0, ptr_rdy1, ptr_rdy2, ptr_rdy3;
wire      ptr_ack0, ptr_ack1, ptr_ack2, ptr_ack3;
assign    ptr_rd_req_pre = {ptr_rdy3, ptr_rdy2, ptr_rdy1, ptr_rdy0} & (~o_cell_bp);
assign    {ptr_ack3, ptr_ack2, ptr_ack1, ptr_ack0} = ptr_ack;
assign    sram_addr_b = {FQ_din[9:0], sram_cnt_b[1:0]};
// ================================================================
//FQ_din寄存的是队列控制器输出的指针,其中比特[15]是尾信元指示信号,比特[14]是头信元指
//示信号。指出当前信元是一个完整数据帧的头信元还是尾信元,供后级电路将收到的信元重新拼
//接成完整数据包使用
// ================================================================
assign   o_cell_last = FQ_din[15];
assign   o_cell_first = FQ_din[14];
assign   o_cell_fifo_din[127:0] = sram_dout_b[127:0];
always@(posedge clk or negedge rstn)
    if(!rstn)begin
        rd_state <= #2 0;
        FQ_wr <= #2 0;
        FQ_din <= #2 0;
        MC_ram_wrb <= #2 0;
        MC_ram_dinb <= #2 0;
        RR <= #2 0;
```

```
        ptr_ack<= #2   0;
        sram_rd<= #2   0;
        sram_rd_dv<= #2   0;
        sram_cnt_b<= #2   0;
        o_cell_fifo_wr<= #2   0;
        o_cell_fifo_sel<= #2   0;
        end
    else begin
        FQ_wr<= #2   0;
        MC_ram_wrb<= #2   0;
        o_cell_fifo_wr<= #2 sram_rd;
        case(rd_state)
        0:begin
            sram_rd<= #2   0;
            sram_cnt_b<= #2   0;
            //当任意一个队列控制器中有准备好的数据包时,开始读出
            if(ptr_rd_req_pre)rd_state<= #2   1;
            end
        1:begin
            rd_state<= #2   2;
            sram_rd<= #2   1;
            RR<= #2 RR + 2'b01;
            //采用公平轮询的机制,轮流对 4 个端口进行发送轮询
            case(RR)
            0:begin
                casex(ptr_rd_req_pre[3:0])
                4'bxxx1:begin
                    FQ_din<= #2   qc_rd_ptr_dout0;
                    o_cell_fifo_sel<= #2   4'b0001;
                    ptr_ack<= #2   4'b0001;
                    end
                4'bxx10:begin
                    FQ_din<= #2   qc_rd_ptr_dout1;
                    o_cell_fifo_sel<= #2   4'b0010;
                    ptr_ack<= #2   4'b0010;
                    end
                4'bx100:begin
                    FQ_din<= #2   qc_rd_ptr_dout2;
                    o_cell_fifo_sel<= #2 4'b0100;
                    ptr_ack<= #2   4'b0100;
                    end
                4'b1000:begin
                    FQ_din<= #2   qc_rd_ptr_dout3;
                    o_cell_fifo_sel<= #2   4'b1000;
                    ptr_ack<= #2   4'b1000;
                    end
                endcase
                end
            1:begin
                casex({ptr_rd_req_pre[0],ptr_rd_req_pre[3:1]})
                4'bxxx1:begin
                    FQ_din<= #2   qc_rd_ptr_dout1;
                    o_cell_fifo_sel<= #2   4'b0010;
                    ptr_ack<= #2   4'b0010;
```

```verilog
                    end
            4'bxx10:begin
                FQ_din<=#2   qc_rd_ptr_dout2;
                o_cell_fifo_sel<=#2   4'b0100;
                ptr_ack<=#2   4'b0100;
                end
            4'bx100:begin
                FQ_din<=#2   qc_rd_ptr_dout3;
                o_cell_fifo_sel<=#2   4'b1000;
                ptr_ack<=#2   4'b1000;
                end
            4'b1000:begin
                FQ_din<=#2   qc_rd_ptr_dout0;
                o_cell_fifo_sel<=#2   4'b0001;
                ptr_ack<=#2   4'b0001;
                end
            endcase
        end
    2:begin
        casex({ptr_rd_req_pre[1:0],ptr_rd_req_pre[3:2]})
        4'bxxx1:begin
            FQ_din<=#2   qc_rd_ptr_dout2;
            o_cell_fifo_sel<=#2   4'b0100;
            ptr_ack<=#2   4'b0100;
            end
        4'bxx10:begin
            FQ_din<=#2   qc_rd_ptr_dout3;
            o_cell_fifo_sel<=#2   4'b1000;
            ptr_ack<=#2   4'b1000;
            end
        4'bx100:begin
            FQ_din<=#2   qc_rd_ptr_dout0;
            o_cell_fifo_sel<=#2   4'b0001;
            ptr_ack<=#2   4'b0001;
            end
        4'b1000:begin
            FQ_din<=#2   qc_rd_ptr_dout1;
            o_cell_fifo_sel<=#2   4'b0010;
            ptr_ack<=#2   4'b0010;
            end
        endcase
        end
    3:begin
        casex({ptr_rd_req_pre[2:0],ptr_rd_req_pre[3]})
        4'bxxx1:begin
            FQ_din<=#2   qc_rd_ptr_dout3;
            o_cell_fifo_sel<=#2   4'b1000;
            ptr_ack<=#2   4'b1000;
            end
        4'bxx10:begin
            FQ_din<=#2   qc_rd_ptr_dout0;
            o_cell_fifo_sel<=#2   4'b0001;
            ptr_ack<=#2   4'b0001;
            end
```

```verilog
        4'bx100:begin
            FQ_din <= #2  qc_rd_ptr_dout1;
            o_cell_fifo_sel <= #2  4'b0010;
            ptr_ack <= #2  4'b0010;
            end
        4'b1000:begin
            FQ_din <= #2  qc_rd_ptr_dout2;
            o_cell_fifo_sel <= #2  4'b0100;
            ptr_ack <= #2  4'b0100;
            end
        endcase
        end
    endcase
    end
2:begin
    ptr_ack       <= #2  0;
    sram_cnt_b    <= #2  sram_cnt_b+1;
    rd_state  <= #2  3;
  end
3:begin
    sram_cnt_b <= #2  sram_cnt_b+1;
    MC_ram_wrb <= #2  1;
    if(MC_ram_doutb == 1)  begin
        MC_ram_dinb <= #2  0;
        FQ_wr <= #2  1;
        end
    else MC_ram_dinb <= #2  MC_ram_doutb-1;
    rd_state <= #2  4;
  end
4:begin
    sram_cnt_b <= #2  sram_cnt_b+1;
    rd_state <= #2  5;
  end
5:begin
    sram_rd <= #2  0;
    rd_state <= #2  0;
  end
default:rd_state <= #2  0;
endcase
end
// ====================================================================
//例化自由指针队列管理电路
// ====================================================================
fq u_fq (
    .clk(clk),
    .rstn(rstn),
    .ptr_din({6'b0,FQ_din[9:0]}),
    .FQ_wr(FQ_wr),
    .FQ_rd(FQ_rd),
    .ptr_dout_s(ptr_dout_s),
    .ptr_fifo_depth(FQ_depth)
);
//多播计数器存储器
dpsram_w4_d512 u_MC_dpram (
```

```verilog
        .clka(clk),
        .wea(MC_ram_wra),
        .addra(MC_ram_addra[8:0]),
        .dina(MC_ram_dina),
        .douta(),
        .clkb(clk),
        .web(MC_ram_wrb),
        .addrb(FQ_din[8:0]),
        .dinb(MC_ram_dinb),
        .doutb(MC_ram_doutb)
    );
    qc_8_chu_qc0(
        .clk      (clk              ),
        .rstn     (rstn             ),
        .q_din    (qc_wr_ptr_din    ),
        .q_wr     (qc_wr_ptr_wr_en[0]),
        .q_full   (qc_ptr_full0     ),
        .ptr_rdy  (ptr_rdy0         ),
        .ptr_rd   (ptr_ack0         ),
        .ptr_dout (qc_rd_ptr_dout0  )
        );
    qc_8_ch u_qc1(
        .clk      (clk              ),
        .rstn     (rstn             ),
        .q_din    (qc_wr_ptr_din    ),
        .q_wr     (qc_wr_ptr_wr_en[1]),
        .q_full   (qc_ptr_full1     ),
        .ptr_rdy  (ptr_rdy1         ),
        .ptr_rd   (ptr_ack1         ),
        .ptr_dout (qc_rd_ptr_dout1  )
        );
    qc_8_ch u_qc2(
        .clk      (clk              ),
        .rstn     (rstn             ),
        .q_din    (qc_wr_ptr_din    ),
        .q_wr     (qc_wr_ptr_wr_en[2]),
        .q_full   (qc_ptr_full2     ),
        .ptr_rdy  (ptr_rdy2         ),
        .ptr_rd   (ptr_ack2         ),
        .ptr_dout (qc_rd_ptr_dout2  )
        );
    qc_8_ch u_qc3(
        .clk      (clk              ),
        .rstn     (rstn             ),
        .q_din    (qc_wr_ptr_din    ),
        .q_wr     (qc_wr_ptr_wr_en[3]),
        .q_full   (qc_ptr_full3     ),
        .ptr_rdy  (ptr_rdy3         ),
        .ptr_rd   (ptr_ack3         ),
        .ptr_dout (qc_rd_ptr_dout3  )
        );
//数据存储区,使用双端口 RAM 实现
dpsram_w128_d2k u_data_ram (
    .clka(clk),
```

```
        .wea(sram_wr_a),
        .addra(sram_addr_a[10:0]),
        .dina(sram_din_a),
        .douta(),
        .clkb(clk),
        .web(1'b0),
        .addrb(sram_addr_b[10:0]),
        .dinb(128'b0),
        .doutb(sram_dout_b)
);
endmodule
```

下面是 switch_core_pri.v 的仿真代码。

```
module switch_core_pri_tb;
reg             clk;
reg             rstn;
reg    [127:0]  i_cell_data_fifo_din;
reg             i_cell_data_fifo_wr;
reg    [15:0]   i_cell_ptr_fifo_din;
reg             i_cell_ptr_fifo_wr;
reg    [3:0]    o_cell_bp;
wire            i_cell_bp;
wire            o_cell_fifo_wr;
wire   [3:0]    o_cell_fifo_sel;
wire   [127:0]  o_cell_fifo_din;
wire            o_cell_first;
wire            o_cell_last;
//生成系统工作时钟
always #5 clk = ~clk;
switch_core_pri u_swtich_core (
    .clk(clk),
    .rstn(rstn),
    .i_cell_data_fifo_din(i_cell_data_fifo_din),
    .i_cell_data_fifo_wr(i_cell_data_fifo_wr),
    .i_cell_ptr_fifo_din(i_cell_ptr_fifo_din),
    .i_cell_ptr_fifo_wr(i_cell_ptr_fifo_wr),
    .i_cell_bp(i_cell_bp),
    .o_cell_fifo_wr(o_cell_fifo_wr),
    .o_cell_fifo_sel(o_cell_fifo_sel),
    .o_cell_fifo_din(o_cell_fifo_din),
    .o_cell_first(o_cell_first),
    .o_cell_last(o_cell_last),
    .o_cell_bp(o_cell_bp)
);
initial begin
    clk = 0;
    rstn = 0;
    i_cell_data_fifo_din = 0;
    i_cell_data_fifo_wr = 0;
    i_cell_ptr_fifo_din = 0;
    i_cell_ptr_fifo_wr = 0;
    o_cell_bp = 0;
    #100;
    rstn = 1;
```

```
            #10_000;
            send_frame(127,0,4'b0001);
            send_frame(128,1,4'b0010);
            send_frame(129,2,4'b0100);
            send_frame(1518,3,4'b1000);
            #1000;
        end
        task send_frame;
        input    [11:0]   len;
        input    [2:0]    pri;
        input    [3:0]    portmap;
        // cell_num是内部使用的寄存器,记录当前帧包括的信元数
        reg      [5:0]    cell_num;
        reg      [5:0]    i,j;      //任务内部使用的寄存器
        begin
            i = 0;
            j = 0;
            //下面的代码根据帧长计算其包括多少个64字节的内部信元
            if(len[5:0] == 6'b0) cell_num[5:0] = len[11:6];
            else begin
                cell_num[5:0] = len[11:6];
                cell_num[5:0] = cell_num[5:0] + 1;
                end
            repeat(1)@(posedge clk);
            #2;
            //下面的while语句用于在交换单元有反压时进行等待
            while(i_cell_bp) repeat(1)@(posedge clk);
            #2;
            // ================================================================
            //下面的循环体用于产生用户数据包并写入被测试电路中。
            //i用于循环体控制;j从0开始累加,每写入一个数据增加1,在仿真分析时作为写入的用户数据
            // ================================================================
            for(i = 0;i < cell_num;i = i + 1)begin
                //本设计中,第一个信元的第一个写入数据中包括了本地头,此处,本地头较为简单,由分
                //组长度值和端口映射位图组成
                if(i == 0) begin
                    i_cell_data_fifo_din = {len[11:0],portmap[3:0], 112'h0};
                    i_cell_data_fifo_wr = 1;
                    repeat(1)@(posedge clk);
                    #2;
                    j = 1;
                    i_cell_data_fifo_din = j;
                    i_cell_data_fifo_wr = 1;
                    repeat(1)@(posedge clk);
                    #2;
                    j = 2;
                    i_cell_data_fifo_din = j;
                    i_cell_data_fifo_wr = 1;
                    repeat(1)@(posedge clk);
                    #2;
                    j = 3;
                    i_cell_data_fifo_din = j;
                    i_cell_data_fifo_wr = 1;
                    repeat(1)@(posedge clk);
```

```
            #2;
            end
        else begin
            j = j + 1;
            i_cell_data_fifo_din = j;
            i_cell_data_fifo_wr = 1;
            repeat(1)@(posedge clk);
            #2;
            j = j + 1;
            i_cell_data_fifo_din = j;
            i_cell_data_fifo_wr = 1;
            repeat(1)@(posedge clk);
            #2;
            j = j + 1;
            i_cell_data_fifo_din = j;
            i_cell_data_fifo_wr = 1;
            repeat(1)@(posedge clk);
            #2;
            j = j + 1;
            i_cell_data_fifo_din = j;
            i_cell_data_fifo_wr = 1;
            repeat(1)@(posedge clk);
            #2;
            end
        end
    i_cell_data_fifo_wr = 0;
    i_cell_ptr_fifo_din = {1'b0,pri[2:0],portmap[3:0],2'b0,cell_num[5:0]};
    i_cell_ptr_fifo_wr = 1;
    repeat(1)@(posedge clk);
    #2;
    i_cell_ptr_fifo_wr = 0;
    i_cell_ptr_fifo_din = 0;
    end
endtask
endmodule
```

图 5-7 是 fq. v 中进行指针初始化的仿真波形。可以看出,系统复位后,FQ_state 进入状态 4,向内部的自由指针 FIFO 中写入可用的自由指针,自由指针的取值从 0 开始,一直到 511,共 512 个自由指针。

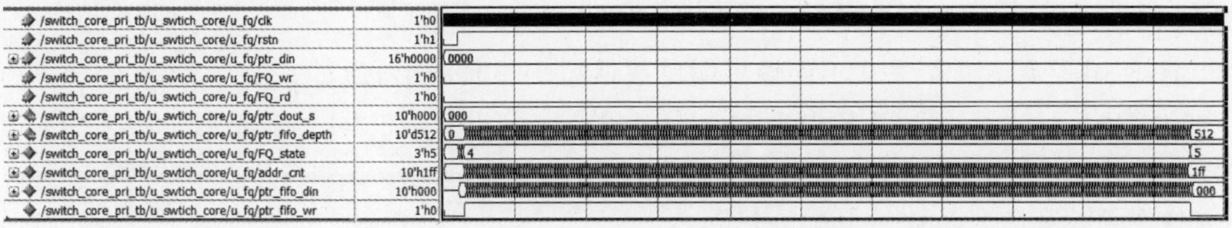

图 5-7　自由指针缓冲区初始化仿真波形

图 5-8 是从信元输入到写入主缓冲区的仿真波形,该数据包包括两个信元。从图中可以看出,i_cell_data_fifo_wr 连续 8 个时钟周期为 1,将 8 个 128 比特的数写入 switch_core_pre 模块的输入信元缓冲区中,然后通过 i_cell_ptr_fifo_din 和 i_cell_ptr_fifo_wr 写入与之

相应的指针。此后,switch_core_pre 的主状态机会读出两个自由指针,如图中所示,指针值分别为 0x000 和 0x001,然后将信元读出并通过 sram_wr_a、sram_addr_a 和 sram_din_a 接口写入信元主缓冲区中。图中的 i_cell_first 和 i_cell_last 用于指出当前信元是一个分组的首信元和尾信元。

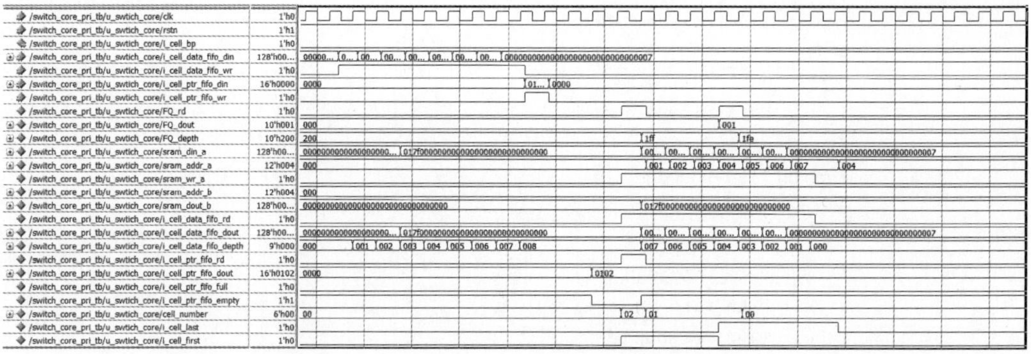

图 5-8 从信元输入到写入主缓冲区的仿真波形

图 5-9 是读出一个完整分组的仿真波形。上述包括两个信元的分组写入主缓冲区后,可以看到 ptr_rdy0 由 0 跳变为 1,switch_core_pri 内部的读出控制状态机轮询发现后,通过将 ptr_ack 置 1,将该分组首信元的指针 0x4000 读出,这里的 qc_rd_ptr_dout0[14]为 1,表示其指向一个分组的首信元。此后,switch_core_pri 中的读出控制状态机(rd_state)基于该指针生成主缓冲区读地址,将相应信元数据读出后,通过与后级的接口信号 o_cell_fifo_wr、o_cell_fifo_din、o_cell_fifo_sel 等,将数据写入相应的输出端口。此处,o_cell_fifo_sel 取值为 4'b0001,表示从端口 0 输出。同时可以看出,信元输出时,信元对应的指针通过 FQ_wr 和 FQ_din 写入自由指针队列。

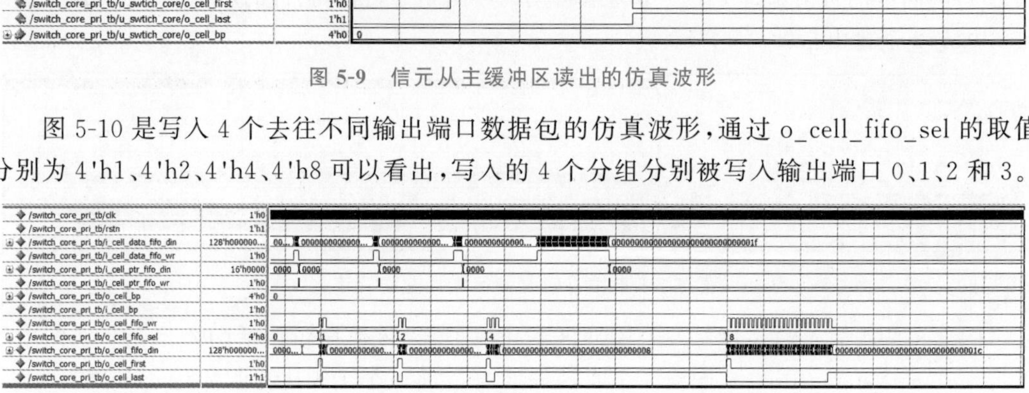

图 5-9 信元从主缓冲区读出的仿真波形

图 5-10 是写入 4 个去往不同输出端口数据包的仿真波形,通过 o_cell_fifo_sel 的取值分别为 4'h1、4'h2、4'h4、4'h8 可以看出,写入的 4 个分组分别被写入输出端口 0、1、2 和 3。

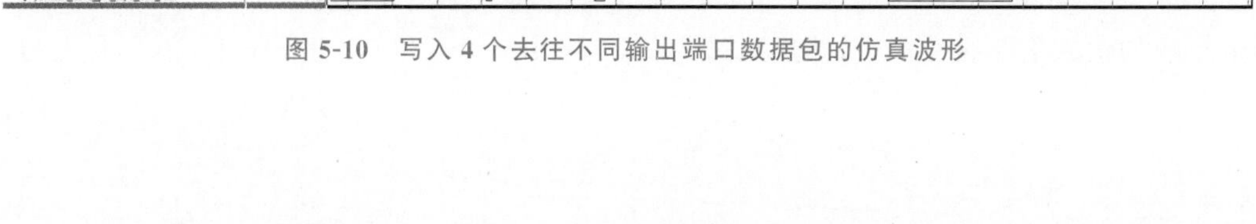

图 5-10 写入 4 个去往不同输出端口数据包的仿真波形

第6章

常用多用户队列管理器与调度器电路

在前面的章节中,我们设计了采用共享缓冲区、具有 8 个逻辑队列的队列控制器,不同队列之间按照优先级高低进行输出调度。在有些应用中,需要同时建立大量的逻辑队列,不同的逻辑队列被分配了不同的输出带宽。这些逻辑队列除了共享一块数据缓冲区,还可以拥有专属于本队列的私有缓冲区,从而提供更为灵活的缓冲区分配方式。

本章首先分析一个具有 1024 个逻辑队列、每个逻辑队列可独立配置私有缓冲区的队列管理器;然后介绍基于出发队列、支持漏桶算法的队列调度器;最后分析采用片外大容量存储器(如 DDR3 等)时,为了降低片内缓存消耗而设计的基于共享存储块、支持业务重传的队列管理器。

6.1 支持资源预留的多用户队列管理器

6.1.1 支持资源预留的多用户队列管理器电路结构

支持资源预留的多用户队列管理器(以下简称多用户队列管理器 1)的内部结构、外部电路和各类接口如图 6-1 所示。

外部数据在数据写入处理电路中进行预处理,如果需要将数据写入数据缓冲区,则首先通过数据写入指针请求接口向多用户队列管理器 1 发出请求,获得指向数据缓冲区中某段存储空间的指针。在进行请求时,数据输入处理电路需要提供待写入数据所属的业务流号(flow_id),该 flow_id 在本电路中对应着一个先入先出的逻辑队列。同时,数据输入处理电路还可以提供一个与当前写入数据对应的关键字,给出当前分组的一些信息,如分组长度等。多用户队列管理器并不识别和处理这个关键字,只是将其进行存储,并透明地交给数据读出处理电路。数据写入处理电路得到多用户队列管理器 1 输出的指针后,将数据写入其指定的数据缓冲区。

多用户队列管理器 1 收到数据写入处理电路发出的指针请求后,首先根据输入的 flow_id 从本地缓冲区中(head_tail_ram、cur_len_ram、res_len_ram)读出相应队列的状态信息,然后根据队列的状态信息、当前共享缓冲区和该队列私有缓冲区的使用状态,决定接受数据写入处理电路的指针请求还是拒绝该请求。如果接受该请求,则从自由指针缓冲区(free_ptr_fifo)

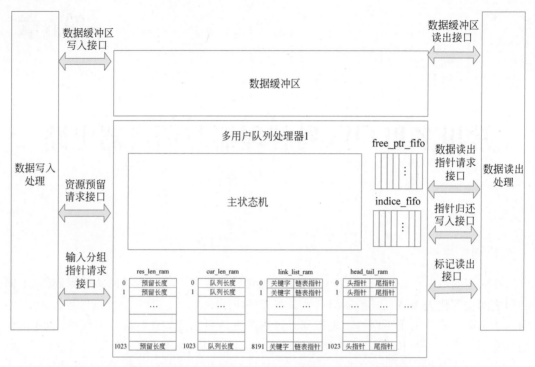

图 6-1　多用户队列管理器 1 的外部连接关系和内部结构

中读出一个自由指针,将其提供给前级电路;否则直接拒绝该请求,返回空闲状态。如果多用户队列管理器 1 接受当前请求,则会更新当前逻辑队列的状态,包括更新当前队列的长度(深度)值,头、尾指针值和链表状态(将当前指针添加到链表的尾部)。

常见的队列管理器采用队列状态标志位指示当前某个队列的状态。例如,为每个逻辑队列设置一个标志位,如果标志位为 1,表示该逻辑队列有可以读出的数据。这种机制在逻辑队列数量较少时简单实用,但在逻辑队列数量大(如上千个逻辑队列),或者需要给出每个逻辑队列队首数据的信息(如长度值)时,需要占用的端口数量就会非常大,同时进行状态轮询的时间开销也会较大。多用户队列管理器 1 采用标记机制通知数据读出处理电路当前某个队列有可以输出的数据。当一个逻辑队列由空转为非空时,多用户队列管理器 1 会生成一个标记(indice),写入与后级电路接口的 indice_fifo 中。标记中包括了队列号和当前待发送数据的信息。后级电路收到标记后,根据调度算法,向多用户队列管理器 1 发出请求,将该队列首部的指针读出,然后将指针对应的数据读出。多用户队列管理器 1 接受数据读出处理电路的指针读出请求后,会修改内部逻辑队列状态。如果队列从非空转换为空,则仅修改逻辑队列的状态;如果仍然非空,则根据队首指针产生一个 indice,并写入与后级电路接口的 indice_fifo 中,表示该队列还有待发送的数据。这种机制可以使后级电路只处理有待发送数据的逻辑队列,并且可以获得队首数据的信息,从而有效提高队列轮询处理的效率。多用户队列管理器 1 支持共享缓冲区与私有缓冲区相结合的缓存分配机制。为了避免个别流量大的业务流过多占用数据缓冲区,使得流量低的业务流得不到基本的缓冲区保证,本设计可以为每个队列分配私有缓冲区。每个逻辑队列优先使用自己的私有缓冲区,私有缓冲区都被占用后,可以使用共享缓冲区。一个逻辑队列不能占用其他逻辑队列的私有缓冲区。

如果一个逻辑队列发送了一个指针对应的数据,其会优先作为共享缓冲区被归还。为某个逻辑队列分配一定数量的私有缓冲区时,需要相应减少共享缓冲区数量。私有缓冲区和共享缓冲区数量的合理分配,可以兼顾资源使用的公平性和使用效率。所有队列的私有缓冲区深度初始均为 0,表示没有为各队列分配私有缓冲区。共享缓冲区为所有逻辑队列共享,一个逻辑队列优先使用私有缓冲区,在私有缓冲区用尽后,可以占用共享缓冲区。这种方式可以兼顾缓冲区使用的公平和高效。需要特别注意的是,外部电路需要根据多用户队列管理器 1 提供的共享缓冲区状态进行资源预留,避免在共享缓冲资源不足的情况下申请预留,同时使共享缓冲区保留一定的规模。

数据读出处理电路首先从 indice_fifo 中读出标记,确定哪些队列有待输出的数据以及数据的基本信息(如长度),然后根据输出调度算法决定是否输出相应数据。如果确定输出该数据,则通过数据读出指针请求接口从多用户队列管理器 1 中读出该队列队首指针,将指针对应的数据从数据缓冲区读出,将相应指针通过指针归还写入接口写入自由指针队列(free_ptr_fifo)。

6.1.2　支持资源预留的多用户队列管理器设计与仿真分析

表 6-1 给出了多用户队列管理器 1 的端口定义。

表 6-1　多用户队列管理器 1 的端口定义

端口名称	I/O 类型	位宽/比特	含义
clk	input	1	系统时钟
rstn	input	1	复位信号,低电平有效
ptr_fq_busy	output	1	ptr_fq_busy 为 1 表示自由指针 FIFO 正在进行初始化;为 0 表示初始化完成,外部电路可以开始进行指针读写操作
ptr_fifo_depth	output	14	自由指针缓冲区的当前深度,指针 FIFO 采用 fall_through 模式,深度为 8K
shared_buffer_used	output	16	已占用共享缓冲区深度
shared_buffer_left	output	16	剩余共享缓冲区深度。如果外部电路需要为某个数据流申请资源预留,首先需要查看当前 shared_buffer_used 的值,确保有可以预留的资源,提高预留成功率
res_buffer_req	input	1	资源预留请求接口。缓冲区预留请求
res_buffer_ack	output	1	资源预留请求接口。缓冲区预留操作完成应答
res_buffer_nak	output	1	资源预留请求接口。缓冲区预留操作未完成应答,如果申请预留的缓冲区量大于当前可用的共享缓冲区量,此信号置 1,表示预留未完成
res_buffer_flowid	input	10	资源预留请求接口。申请预留缓冲区的业务号(流号)
res_buffer_num	input	16	资源预留请求接口。申请预留缓冲区的数量
in_pkt_flowid	input	10	输入分组指针请求接口。输入分组的业务号(流号)
in_pkt_ptr_req	input	1	输入分组指针请求接口。输入分组指针请求

端口名称	I/O类型	位宽/比特	含义
in_pkt_ptr_ack	output	1	输入分组指针请求接口。输入分组指针请求完成应答
in_pkt_ptr_nak	output	1	输入分组指针请求接口。输入分组指针请求未完成应答。可用缓冲区为 0 时,将其置 1,表示指针请求失败
in_pkt_key	input	18	输入分组指针请求接口。输入分组关键字,用于向后级电路传递与当前分组有关的信息,例如,本设计中用于传递分组长度
in_pkt_ptr	output	16	输入分组指针请求接口。分配给当前输入分组的指针,指向一块数据缓冲区
indice_fifo_empty	output	1	标记读出接口。为 1 时,标记(indice)FIFO 为空,为 0 时,标记 FIFO 非空
indice_fifo_rd	input	1	标记读出接口。indice_fifo 读信号
indice_fifo_dout	output	36	标记读出接口。indice_fifo 数据输出端口。位宽为 36 比特,包括当前队列头部分组的关键字和流号
out_pkt_req	input	1	数据读出指针请求接口。分组输出指针请求信号
out_pkt_flowid	input	10	数据读出指针请求接口。分组业务号(流号)
out_pkt_ack	output	1	数据读出指针请求接口。分组输出指针应答信号
out_pkt_key	output	36	数据读出指针请求接口。待输出分组关键字
rtn_ptr_wr	input	1	指针归还写入接口。一个指针对应的数据被发送后,通过此端口将该指针写入本电路的自由指针 FIFO 中
rtn_ptr_din	input	16	指针归还写入接口。返回已发送数据分组对应的指针值

下面是多用户队列管理器 1 的设计代码及设计注释。

```
`timescale 1ns/100ps
module qp_1k(
input               clk,
input               rstn,
// ================================================================
//下面的端口给出了自由指针缓冲区状态和剩余自由指针深度,供外部电路使用,其中 ptr_fq_busy
//为 1 表示自由指针 FIFO 正在进行初始化
// ================================================================
output  reg         ptr_fq_busy,
output      [13:0]  ptr_fifo_depth,
// ================================================================
//数据缓冲区被划分为共享缓冲区和私有缓冲区,私有缓冲区是为某个特定逻辑队列分配的专用缓
//冲区,其他队列不能占用,私有缓冲区深度初始为 0,表示没有为该队列分配私有缓冲区;共享缓冲
//区为所有逻辑队列共享,一个逻辑队列优先使用私有缓冲区,在私有缓冲区用尽后,可以占用共享
//缓冲区。这种方式可以兼顾缓冲区使用的公平和高效。需要特别注意的是,外部电路需要根据
//qp_1k 提供的共享缓冲区状态进行资源预留,以保留一定规模的共享缓冲区。下面的端口给出了
//共享缓冲区的当前使用状态,供写入电路判断是否需要进行写入操作
// ================================================================
output  reg  [15:0]  shared_buffer_used,
```

```
output     reg  [15:0]    shared_buffer_left,
input                     res_buffer_req,
output     reg            res_buffer_ack,
output     reg            res_buffer_nak,
input           [9:0]     res_buffer_flowid,
input           [15:0]    res_buffer_num,
```
// ==
//输入分组指针请求端口,其中:
//in_pkt_flowid 是输入分组自身的流号,是系统为一个或一类业务分配的本地身份号(ID号);
//in_pkt_key 是需要 qp_1k 电路进行本地存储,并且在指针读出时交给后级电路的关键字;
//in_pkt_ptr 是返回的指针,外部电路将分组写入指针指定的数据缓冲区
// ==
```
input           [9:0]     in_pkt_flowid,
input                     in_pkt_ptr_req,
output     reg            in_pkt_ptr_ack,
output     reg            in_pkt_ptr_nak,
input           [17:0]    in_pkt_key,
output     reg  [15:0]    in_pkt_ptr,
```
// ==
//indice(标记),在某个 flowid 对应的队列由空转变为非空时,本电路会向 indice_fifo 中写入一
//个标记,表示该队列非空并给出相关状态信息,后级电路可以进行数据读出操作,下面3个端口
//用于供后级电路读出 indice
// ==
```
output                    indice_fifo_empty,
input                     indice_fifo_rd,
output          [35:0]    indice_fifo_dout,
```
// ==
//后级电路读出 indice 后,使用以下端口请求读出某个队列的队首分组关键字,此处包括队首分组
//地址指针和分组长度
// ==
```
input                     out_pkt_req,
input           [9:0]     out_pkt_flowid,
output     reg            out_pkt_ack,
output     reg  [35:0]    out_pkt_key,
```
// ==
//当某个分组从缓冲区中读出后,其对应的指针通过下面的端口被写入自由指针缓冲区,供循环使用
// ==
```
input                     rtn_ptr_wr,
input           [15:0]    rtn_ptr_din
);
parameter     FQ_TOP = 16'd8191,      INDEX_TOP = 16'd8191;
parameter     QNR_TOP = 10'd1023;
reg           sys_init;
```
//下面是自由指针缓冲区 FIFO 接口信号
```
reg           ptr_fifo_wr;
reg           ptr_fifo_rd;
reg  [15:0]   ptr_fifo_din;
wire [15:0]   ptr_fifo_dout;
wire          ptr_fifo_full;
```
//下面是首尾指针缓冲区接口信号,该缓冲区存储着每个逻辑队列的首尾指针
```
reg  [9:0]    head_tail_ram_addr;
reg  [35:0]   head_tail_ram_din;
reg           head_tail_ram_wr;
wire [35:0]   head_tail_ram_dout;
```

```verilog
//下面是链表缓冲区接口信号,该缓冲区存储着每个逻辑队列对应的链表
reg            link_list_ram_wr;
reg  [15:0]    link_list_ram_addr;
reg  [35:0]    link_list_ram_din;
wire [35:0]    link_list_ram_dout;
//下面是当前队列深度缓冲区接口信号,该缓冲区存储着每个逻辑队列的当前深度
reg            cur_len_ram_wr;
reg  [9:0]c    ur_len_ram_addr;
reg  [15:0]    cur_len_ram_din;
wire [15:0]    cur_len_ram_dout;
//下面是预留缓冲区接口信号,该缓冲区存储着为每个逻辑队列分配的私有缓冲区深度
reg            res_len_ram_wr;
reg  [9:0]     res_len_ram_addr;
reg  [15:0]    res_len_ram_din;
wire [15:0]    res_len_ram_dout;
//下面是标记缓冲区接口信号,用于存储由空转为非空逻辑队列的信息,供后级电路输出调度使用
reg            indice_fifo_wr;
reg  [35:0]    indice_fifo_din;
//下面是临时存储某个逻辑队列状态信息的寄存器
//res_buffer_left用于指出一个逻辑队列的私有缓冲区是否用尽
reg  [15:0]    head,tail,
               cell_num,
               cur_len,
               res_len;
reg            flow_empty_n;
reg            res_buffer_left;
reg  [15:0]    out_pkt_flowid_reg;
reg  [17:0]    in_pkt_key_reg;
// ===================================================================
//下面是状态定义和主状态机
// ===================================================================
parameterIDLE = 5'h0,
            IN0 = 5'h01,        IN1 = 5'h02,
            IN2 = 5'h03,        IN3 = 5'h04,
            IN4 = 5'h05,        IN5 = 5'h06,
            IN_LAST = 5'h7,
            OUT0 = 5'h08,       OUT1 = 5'h09,
            OUT2 = 5'h0a,       OUT3 = 5'h0b,
            OUT4 = 5'h0c,       OUT5 = 5'h0d,
            OUT6 = 5'h0e,     OUT7 = 5'h0f,
            OUT8 = 5'h10,       OUT_LAST = 5'h11,
            INIT1_0 = 5'h18,    INIT1_1 = 5'h19,
            INIT2_0 = 5'h1a,    INIT2_1 = 5'h1b,
            INIT2_2 = 5'h1c,    INIT2_3 = 5'h1d,
            INIT2_4 = 5'h1e;
reg     [4:0]mstate;
always @ (posedge clk or negedge rstn)
    if(!rstn)begin
        mstate <= #2 IDLE;
        sys_init <= #2 1;
        head_tail_ram_addr <= #2 0;
        head_tail_ram_din  <= #2 0;
        head_tail_ram_wr   <= #2 0;
        link_list_ram_wr   <= #2 0;
```

```
        link_list_ram_addr <= #2 0;
        link_list_ram_din  <= #2 0;
        res_len_ram_addr   <= #2 0;
        res_len_ram_din    <= #2 0;
        res_len_ram_wr     <= #2 0;
        cur_len_ram_wr     <= #2 0;
        cur_len_ram_addr   <= #2 0;
        cur_len_ram_din    <= #2 0;
        head               <= #2 0;
        tail               <= #2 0;
        cell_num           <= #2 0;
        cur_len            <= #2 0;
        res_len            <= #2 0;
        flow_empty_n       <= #2 0;
        in_pkt_ptr_ack     <= #2 0;
        in_pkt_ptr_nak     <= #2 0;
        in_pkt_ptr         <= #2 0;
        shared_buffer_used <= #2 0;
        shared_buffer_left <= #2 FQ_TOP + 16'd1;
        res_buffer_left    <= #2 0;
        res_buffer_ack     <= #2 0;
        res_buffer_nak     <= #2 0;
        indice_fifo_wr     <= #2 0;
        ptr_fifo_rd        <= #2 0;
        out_pkt_ack        <= #2 0;
        out_pkt_key        <= #2 0;
        end
    else begin
        ptr_fifo_rd        <= #2 0;
        link_list_ram_wr   <= #2 0;
        head_tail_ram_wr   <= #2 0;
        res_len_ram_wr     <= #2 0;
        res_buffer_ack     <= #2 0;
        res_buffer_nak     <= #2 0;
        cur_len_ram_wr     <= #2 0;
        in_pkt_ptr_ack     <= #2 0;
        in_pkt_ptr_nak     <= #2 0;
        indice_fifo_wr     <= #2 0;
        out_pkt_ack        <= #2 0;
        case(mstate)
        IDLE:begin
            if(sys_init)            mstate <= #2 INIT1_0;
            else if(res_buffer_req) mstate <= #2 INIT2_0;
            else if(in_pkt_ptr_req) mstate <= #2 IN0;
            else if(out_pkt_req)    mstate <= #2 OUT0;
            end
        //================================================================
        //          进入指针写入相关状态
        //================================================================
        IN0:begin
            //根据 in_pkt_flowid 读取相应队列状态
            head_tail_ram_addr  <= #2 in_pkt_flowid[9:0];
            res_len_ram_addr    <= #2 in_pkt_flowid[9:0];
            cur_len_ram_addr    <= #2 in_pkt_flowid[9:0];
```

```
                in_pkt_key_reg          <= #2 in_pkt_key;
                mstate                  <= #2 IN1;
                end
    IN1:mstate <= #2 IN2;
    IN2:begin
        // ============================================================
        //使用下列寄存器存储当前队列的状态
        // ============================================================
        flow_empty_n        <= #2 head_tail_ram_dout[35];
        head                <= #2 head_tail_ram_dout[31:16];
        tail                <= #2 head_tail_ram_dout[15:0];
        link_list_ram_addr  <= #2 head_tail_ram_dout[15:0];
        cur_len             <= #2 cur_len_ram_dout;
        res_len             <= #2 res_len_ram_dout;
        res_buffer_left     <= #2 (res_len_ram_dout > cur_len_ram_dout)?1:0;
        mstate              <= #2 IN3;
        end
    IN3:begin
        if(res_buffer_left)begin
            in_pkt_ptr_ack      <= #2 1;
            in_pkt_ptr          <= #2 ptr_fifo_dout;
            cur_len             <= #2 cur_len + 1;
            mstate              <= #2 IN4;
            end
        else begin
            if(shared_buffer_left) begin
                shared_buffer_used <= #2 shared_buffer_used + 1;
                shared_buffer_left <= #2 shared_buffer_left - 1;
                in_pkt_ptr_ack      <= #2 1;
                in_pkt_ptr          <= #2 ptr_fifo_dout;
                cur_len             <= #2 cur_len + 1;
                mstate              <= #2 IN4;
                end
            else begin
                in_pkt_ptr_nak      <= #2 1;
                mstate              <= #2 IN_LAST;
                end
            end
        end
    IN4:begin
        // ============================================================
        //如果当前队列为空,按照如下方式写入其队列的状态,同时通过 indice FIFO 通知后
        //级电路,当前队列的状态由空转变为非空
        // ============================================================
        if(!flow_empty_n)begin
            head_tail_ram_wr  <= #2 1;
            head_tail_ram_din <= #2 {  4'b1000,
                                       ptr_fifo_dout[15:0],
                                       ptr_fifo_dout[15:0]
                                       };
            link_list_ram_addr<= #2 ptr_fifo_dout[15:0];
            link_list_ram_din <= #2 {  2'b0,
                                       in_pkt_key[17:0],
                                       ptr_fifo_dout[15:0]
```

```
                                };
    link_list_ram_wr    <= #2 1;
    indice_fifo_wr      <= #2 1;
    indice_fifo_din     <= #2 {  2'b0,
                                in_pkt_key[17:0],
                                6'b0,in_pkt_flowid[9:0]
                                };
    mstate              <= #2 IN_LAST;
    end
// ==============================================================
//如果当前队列非空,按照如下方式写入其队列的状态
// ==============================================================
else begin
    //此时 head_tail_ram_addr 的值为 in_pkt_flowid
    head_tail_ram_wr   <= #2 1;
    head_tail_ram_din  <= #2 {  4'b1000,
                                head[15:0],
                                ptr_fifo_dout[15:0]
                                };
    //此时 link_list_ram_addr 的值为当前 tail 值
    link_list_ram_wr   <= #2 1;
    link_list_ram_din  <= #2 {  2'b0,
                                link_list_ram_dout[33:16],
                                ptr_fifo_dout[15:0]
                                };
    mstate              <= #2 IN5;
    end
    cur_len_ram_wr      <= #2 1;
    cur_len_ram_din     <= #2 cur_len;
    ptr_fifo_rd         <= #2 1;
    end
IN5:begin
    //此时 link_list_ram_addr 为当前新读出的自由指针值
    link_list_ram_addr  <= #2 ptr_fifo_dout[15:0];
    link_list_ram_din   <= #2 {  2'b0,
                                in_pkt_key_reg[17:0],
                                ptr_fifo_dout[15:0]
                                };
    link_list_ram_wr    <= #2 1;
    mstate              <= #2 IN_LAST;
    end
IN_LAST:mstate          <= #2 IDLE;
// ==============================================================
//        进入指针读出相关状态
// ==============================================================
OUT0:begin
    //根据 out_pkt_flowid 读取相应队列状态
    head_tail_ram_addr  <= #2 out_pkt_flowid[9:0];
    res_len_ram_addr    <= #2 out_pkt_flowid[9:0];
    cur_len_ram_addr    <= #2 out_pkt_flowid[9:0];
    out_pkt_flowid_reg  <= #2 out_pkt_flowid[9:0];
    mstate              <= #2 OUT1;
    end
OUT1:mstate             <= #2 OUT2;
```

```verilog
OUT2:begin
    // ============================================================
    //使用下列寄存器存储当前队列的状态
    // ============================================================
    flow_empty_n      <= #2 head_tail_ram_dout[35];
    head              <= #2 head_tail_ram_dout[31:16];
    tail              <= #2 head_tail_ram_dout[15:0];
    cur_len           <= #2 cur_len_ram_dout;
    res_len           <= #2 res_len_ram_dout;
    res_buffer_left<= #2 (res_len_ram_dout > cur_len_ram_dout)?1:0;
    //读出头指针指向的链表空间
    link_list_ram_addr<= #2 head_tail_ram_dout[31:16];
    mstate            <= #2 OUT3;
    end
OUT3:mstate <= #2 OUT4;
OUT4:begin
    cur_len_ram_wr    <= #2 1;
    cur_len_ram_din   <= #2 cur_len-1;
    //输出头指针及链表存储区中的关键字信息
    out_pkt_key[35:0] <= #2 {2'b0,link_list_ram_dout[33:16],head[15:0]};
    out_pkt_ack       <= #2 1;
    // ============================================================
    //如果当前队列深度大于预留缓冲深度,优先归还其占用的共享缓冲区
    // ============================================================
    if(cur_len > res_len) begin
        shared_buffer_used<= #2 shared_buffer_used-1;
        shared_buffer_left<= #2 shared_buffer_left+1;
        end
    // ============================================================
    //如果当前队列深度为1,按照如下方式更新头尾指针缓冲区
    // ============================================================
    if(cur_len == 16'd1) begin
        head_tail_ram_din[35:0]<= #2 {4'b0000,32'd0};
        head_tail_ram_wr        <= #2 1;
        mstate                  <= #2 OUT_LAST;
        end
    // ============================================================
    //如果当前队列深度大于1,按照如下方式更新头尾指针缓冲区,同时通信更新 head
    //寄存器的值
    // ============================================================
    else begin
        head_tail_ram_din[35:0]<= #2 {4'b1000,
                                      link_list_ram_dout[15:0],
                                      tail[15:0]
                                      };
        head_tail_ram_wr  <= #2 1;
        head              <= #2 link_list_ram_dout[15:0];
        mstate            <= #2 OUT5;
        end
    end
// ============================================================
//读出当前链表中下一个待发送分组的关键字,通过 indice 缓冲区发给后级电路,供后级
//电路进行后续读出操作使用
// ============================================================
```

```
    OUT5:begin
        link_list_ram_addr <= #2 head;
        mstate              <= #2 OUT6;
        end
    OUT6:mstate <= #2 OUT7;
    OUT7:begin
        indice_fifo_wr <= #2 1;
        indice_fifo_din <= #2 {2'b0,
                                link_list_ram_dout[33:16],
                                6'b0,out_pkt_flowid_reg[9:0]
                                };
        mstate        <= #2 IDLE;
        end
    OUT_LAST:mstate  <= #2 IDLE;
// ================================================================
// 下面的状态用于对电路内部缓冲区进行初始化
// ================================================================
    INIT1_0:begin
        head_tail_ram_addr <= #2 0;
        head_tail_ram_din  <= #2 0;
        head_tail_ram_wr   <= #2 1;
        cur_len_ram_addr   <= #2 0;
        cur_len_ram_din    <= #2 0;
        cur_len_ram_wr     <= #2 1;
        res_len_ram_addr   <= #2 0;
        res_len_ram_din    <= #2 0;
        res_len_ram_wr     <= #2 1;
        mstate             <= #2 INIT1_1;
        end
    INIT1_1:begin
        if(head_tail_ram_addr < QNR_TOP) begin
            head_tail_ram_wr   <= #2 1;
            cur_len_ram_wr     <= #2 1;
            res_len_ram_wr     <= #2 1;
            head_tail_ram_addr <= #2 head_tail_ram_addr + 1;
            end
        else begin
            head_tail_ram_wr   <= #2 0;
            cur_len_ram_wr     <= #2 0;
            res_len_ram_wr     <= #2 0;
            sys_init           <= #2 0;
            mstate             <= #2 IDLE;
            end
        end
    INIT2_0:begin
        res_len_ram_addr <= #2 res_buffer_flowid[9:0];
        mstate           <= #2 INIT2_1;
        end
    INIT2_1: mstate      <= #2 INIT2_2;
    INIT2_2: begin
        shared_buffer_left <= #2 shared_buffer_left + res_len_ram_dout;
        mstate             <= #2 INIT2_3;
        end
    INIT2_3:begin
```

```
                   if(shared_buffer_left >= res_buffer_num) begin
                       res_len_ram_wr        <= #2 1;
                       res_len_ram_din       <= #2 res_buffer_num;
                       res_buffer_ack <= #2 1;
                       shared_buffer_left <= #2 shared_buffer_left - res_buffer_num;
                       mstate                <= #2 INIT2_4;
                       end
                   else begin
                       res_buffer_nak        <= #2 1;
                       shared_buffer_left <= #2 shared_buffer_left - res_len_ram_dout;
                       mstate                <= #2 INIT2_4;
                       end
               end
         INIT2_4:mstate   <= #2 IDLE;
         endcase
         end
   sram_w36_d1k u_head_tail_ram (
     .clka(clk),                        // input clka
     .wea(head_tail_ram_wr),            // input [0 : 0] wea
     .addra(head_tail_ram_addr[9:0]),   // input [9 : 0] addra
     .dina(head_tail_ram_din[35:0]),    // input [35 : 0] dina
     .douta(head_tail_ram_dout[35:0])   // output [35 : 0] douta
   );
   sram_w36_8k u_link_list_ram(
     .clka(clk),                        // input clka
     .wea(link_list_ram_wr),            // input [0 : 0] wea
     .addra(link_list_ram_addr[12:0]),  // input [12 : 0] addra
     .dina(link_list_ram_din[35:0]),    // input [35 : 0] dina
     .douta(link_list_ram_dout[35:0])   // output [35 : 0] douta
   );
   sram_w16_d1k u_cur_len_ram (
     .clka(clk),                        // input clka
     .wea(cur_len_ram_wr),              // input [0 : 0] wea
     .addra(cur_len_ram_addr[9:0]),     // input [9 : 0] addra
     .dina(cur_len_ram_din[15:0]),      // input [15: 0] dina
     .douta(cur_len_ram_dout[15:0])     // output [15 : 0] douta
   );
   sram_w16_d1k u_res_len_ram (
     .clka(clk),                        // input clka
     .wea(res_len_ram_wr),              // input [0 : 0] wea
     .addra(res_len_ram_addr[9:0]),     // input [9 : 0] addra
     .dina(res_len_ram_din[15:0]),      // input [15 : 0] dina
     .douta(res_len_ram_dout[15:0])     // output [15 : 0] douta
   );
   // ========================================================================
   //自由指针读写控制电路,用于对自由指针进行初始化、读取与归还
   // ========================================================================
   reg  [3:0]  state1;
   always @ (posedge clk or negedge rstn)
       if(!rstn) begin
           state1          <= #2 0;
           ptr_fifo_wr     <= #2 0;
           ptr_fifo_din    <= #2 0;
           ptr_fq_busy     <= #2 1;
```

```verilog
            end
        else begin
            case(state1)
            //部分 FIFO 电路 IP 核进行仿真分析时,需要多个时钟周期来完成初始化,此处用多个时钟
            //周期控制等待时间
            0:state1 <= #2 1;
            1:state1 <= #2 2;
            2:state1 <= #2 3;
            3:state1 <= #2 4;
            4:state1 <= #2 5;
            5:state1 <= #2 6;
            6:state1 <= #2 7;
            7:begin
                ptr_fifo_din  <= #2 16'b0;
                ptr_fifo_wr   <= #2 1;
                state1        <= #2 8;
                end
            8:begin
                if(ptr_fifo_din < FQ_TOP)begin
                    ptr_fifo_din  <= #2 ptr_fifo_din + 32'd1;
                    ptr_fifo_wr   <= #2 1;
                    end
                else begin
                    ptr_fifo_wr   <= #2 0;
                    ptr_fq_busy   <= #2 0;
                    state1        <= #2 9;
                    end
                end
            9:begin
                if(rtn_ptr_wr) begin
                    ptr_fifo_din  <= #2 rtn_ptr_din;
                    ptr_fifo_wr   <= #2 1;
                    state1        <= #2 10;
                    end
                end
            10:begin
                ptr_fifo_wr  <= #2 0;
                state1       <= #2 9;
                end
            endcase
            end
sfifo_ft_w16_d8k u_free_ptr_fifo (
  .clk(clk),                   // input wire clk
  .srst(!rstn),                // input wire srst
  .din(ptr_fifo_din),          // input wire [15 : 0] din
  .wr_en(ptr_fifo_wr),         // input wire wr_en
  .rd_en(ptr_fifo_rd),         // input wire rd_en
  .dout(ptr_fifo_dout),        // output wire [15 : 0] dout
  .full(ptr_fifo_full),        // output wire full
  .empty(),                    // output wire empty
  .data_count(ptr_fifo_depth)  // output wire [13 : 0] data_count
);
```

```
// =================================================================
//  indice fifo用于缓存交给后级电路的发送标记
// =================================================================
sfifo_ft_w36_d1k u_indice_fifo (
  .clk(clk),                        // input wire clk
  .srst(!rstn),                     // input wire srst
  .din(indice_fifo_din),            // input wire [35 : 0] din
  .wr_en(indice_fifo_wr),           // input wire wr_en
  .rd_en(indice_fifo_rd),           // input wire rd_en
  .dout(indice_fifo_dout),          // output wire [35 : 0] dout
  .full(),                          // output wire full
  .empty(indice_fifo_empty),        // output wire empty
  .data_count()                     // output wire [10 : 0] data_count
);
endmodule
```

针对上面的设计代码,需要注意以下几点:

(1) 电路中的 FIFO 都采用 fall_through 模式,其内部的第一个数据可以直接输出。

(2) indice 中包括了队列号和队首数据的关键字(如可以是数据长度值),没有包括队首数据的指针,如果需要,可以加入队首数据的指针值。

(3) 对于后级电路,应首先根据 indice 读出队首指针,然后读出指针指向的数据,最后归还指针。

(4) 在逻辑队列链表中,除了存储指向下一个数据的指针,还需要存储当前数据分组的关键字,这是与普通链表的差异之一。

(5) 在本设计中,每个指针指向共享缓冲区中的一个数据块,与数据块具体的大小无关。

(6) 本设计中,采用 RAM 存储每个队列的状态,可以以较低的资源消耗实现大规模队列数量的管理,同时,每次队列操作也会多消耗几个时钟周期,处理速度略有降低。

下面是 qp_1k 的仿真代码,代码的功能由注释给出。

```
module qp_1k_tb;
reg              clk              ;
reg              rstn             ;
wire             ptr_fq_busy      ;
wire    [13:0]   ptr_fifo_depth   ;
wire    [15:0]   shared_buffer_used;
wire    [15:0]   shared_buffer_left;
reg              res_buffer_req   ;
wire             res_buffer_ack   ;
wire             res_buffer_nak   ;
reg     [9:0]    res_buffer_flowid ;
reg     [15:0]   res_buffer_num   ;
reg     [9:0]    in_pkt_flowid    ;
reg              in_pkt_ptr_req   ;
wire             in_pkt_ptr_ack   ;
wire             in_pkt_ptr_nak   ;
reg     [17:0]   in_pkt_key       ;
wire    [15:0]   in_pkt_ptr       ;
wire             indice_fifo_empty ;
reg              indice_fifo_rd   ;
```

```verilog
wire    [35:0]    indice_fifo_dout  ;
reg               out_pkt_req       ;
reg     [9:0]     out_pkt_flowid    ;
wire              out_pkt_ack       ;
wire    [35:0]    out_pkt_key       ;
reg               rtn_ptr_wr        ;
reg     [15:0]    rtn_ptr_din       ;
always #5 clk = ~clk;
qp_1k qp_1k(
    .clk                    (clk               ),
    .rstn                   (rstn              ),
    .ptr_fq_busy            (ptr_fq_busy       ),
    .ptr_fifo_depth         (ptr_fifo_depth    ),
    .shared_buffer_used     (shared_buffer_used ),
    .shared_buffer_left     (shared_buffer_left ),
    .res_buffer_req         (res_buffer_req    ),
    .res_buffer_ack         (res_buffer_ack    ),
    .res_buffer_nak         (res_buffer_nak    ),
    .res_buffer_flowid      (res_buffer_flowid ),
    .res_buffer_num         (res_buffer_num    ),
    .in_pkt_flowid          (in_pkt_flowid     ),
    .in_pkt_ptr_req         (in_pkt_ptr_req    ),
    .in_pkt_ptr_ack         (in_pkt_ptr_ack    ),
    .in_pkt_ptr_nak         (in_pkt_ptr_nak    ),
    .in_pkt_key             (in_pkt_key        ),
    .in_pkt_ptr             (in_pkt_ptr        ),
    .indice_fifo_empty      (indice_fifo_empty ),
    .indice_fifo_rd         (indice_fifo_rd    ),
    .indice_fifo_dout       (indice_fifo_dout  ),
    .out_pkt_req            (out_pkt_req       ),
    .out_pkt_flowid         (out_pkt_flowid    ),
    .out_pkt_ack            (out_pkt_ack       ),
    .out_pkt_key            (out_pkt_key       ),
    .rtn_ptr_wr             (rtn_ptr_wr        ),
    .rtn_ptr_din            (rtn_ptr_din       )
    );
integer i;
initial begin
    clk                 = 0;
    rstn                = 0;
    res_buffer_req      = 0;
    res_buffer_flowid   = 0;
    res_buffer_num      = 0;
    in_pkt_flowid       = 0;
    in_pkt_ptr_req      = 0;
    in_pkt_key          = 0;
    indice_fifo_rd      = 0;
    out_pkt_req         = 0;
    out_pkt_flowid      = 0;
    rtn_ptr_wr          = 0;
    rtn_ptr_din         = 0;
    #100;
    rstn = 1;
    //等待系统完成自由指针初始化
```

```
        while(ptr_fq_busy) repeat(1)@(posedge clk);
        #100;
        // ================================================================
        //test1
        //以 10 为 flow_id,以 100 为 in_pkt_key 的起点,连续进行 10 次指针请求操作,每次请求
        //in_pkt_key 值加 1
        // ================================================================
        for(i = 0;i < 10;i = i + 1) begin
            ptr_wr(10,100 + i);
            #100;
            end
        //监视队列状态并执行 10 次指针读取操作
        repeat(10) ptr_rd;
        // ================================================================
        //test2
        //为 flow_id 为 10 的业务预留 5 块缓冲区,然后重复上面的操作
        // ================================================================
        res_ptr(10,5);
        for(i = 0;i < 10;i = i + 1) begin
            ptr_wr(10,100 + i);
            #100;
            end
        //监视队列状态并执行 10 次指针读取操作
        repeat(10) ptr_rd;
        #1000;
        end
//指针写入任务,输入 flow_id 和 pkt_key
task ptr_wr;
input       [9:0]       flow_id;
input       [17:0]      pkt_key;
begin
    repeat(1)@(posedge clk);
    #2;
    in_pkt_ptr_req = 1;
    in_pkt_flowid = flow_id;
    in_pkt_key    = pkt_key;
    while(!in_pkt_ptr_ack & !in_pkt_ptr_nak)
        repeat(1)@(posedge clk);
    #2;
    in_pkt_ptr_req = 0;
    in_pkt_flowid = 0;
    in_pkt_key = 0;
    end
endtask
// ================================================================
//可以使用下面的代码实时进行指针读取操作
// ================================================================
//initial begin
//   #100_000;
//   forever ptr_rd;
//   end
// ================================================================
//指针读取任务,其包括三项功能:
//(1)监视 indice_fifo_empty,看是否有队列由空变为非空;
```

```
//(2)进行指针读取操作;
//(3)进行指针归还操作
// =================================================================
task ptr_rd;
begin
    repeat(1)@(posedge clk);
    #2;
    //等待标记缓冲区非空时,读出标记
    while(indice_fifo_empty) repeat(1)@(posedge clk);
    out_pkt_flowid = indice_fifo_dout[9:0];
    #2;
    indice_fifo_rd = 1;
    repeat(1)@(posedge clk);
    #2;
    indice_fifo_rd = 0;
    //根据读出的标记中的 flow_id 读出 out_pkt_key
    out_pkt_req   = 1;
    while(!out_pkt_ack) repeat(1)@(posedge clk);
    rtn_ptr_din = out_pkt_key[15:0];
    #2;
    out_pkt_req   = 0;
    out_pkt_flowid   = 0;
    //将读出的指针进行归还
    repeat(10)@(posedge clk);
    #2;
    rtn_ptr_wr       = 1;
    repeat(1)@(posedge clk);
    #2;
    rtn_ptr_wr       = 0;
    end
endtask
// =================================================================
//下面的任务为某个特定 flow_id 预留缓冲区
// =================================================================
task res_ptr;
input    [9:0]flow_id;
input    [15:0]   res_num;
begin
    repeat(1)@(posedge clk);
    #2;
    res_buffer_req     = 1;
    res_buffer_flowid = flow_id;
    res_buffer_num     = res_num;
    while(!res_buffer_ack & !res_buffer_nak)
        repeat(1)@(posedge clk);
    #2;
    res_buffer_req     = 0;
    res_buffer_flowid = 10'd0;
    res_buffer_num     = 16'd0;
    end
endtask
endmodule
```

图 6-2 是以 10 为 flow_id,以 100 为 in_pkt_key 的起点,持续递增,连续进行 10 次数据

写入指针请求操作的仿真波形。可以看出,10 次请求读出的指针值分别为 0～9。观察 head_tail_ram 和 link_list_ram 的写入操作波形,可以看到队列头尾指针和链表中每个表项的具体值,链表表项中除了包括下一个指针的存储地址,还包括当前分组的关键字。

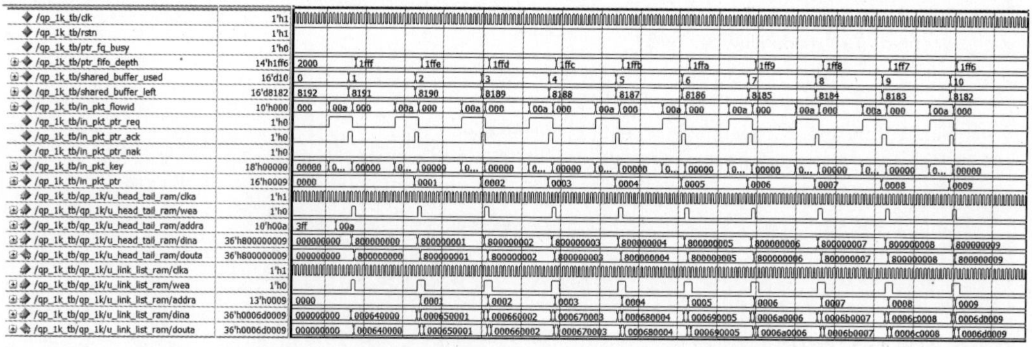

图 6-2 数据写入时连续 10 次指针请求操作仿真波形

图 6-3 是数据读出时,连续读出队列 10 中 10 个指针的仿真波形。根据 qp_1k_tb.v 中 ptr_rd 任务的具体代码可知,每次执行该任务会进行三项操作,一是等待标记缓冲区非空时,读出标记值;二是根据读出标记值中的 flow_id 进行指针读出操作;三是将读出的指针进行归还。从下面的仿真波形可以看出三项操作的时序关系,包括 indice_fifo 的读操作、指针读出操作、该队列头尾指针的变化、链表表项的变化以及指针归还操作等。

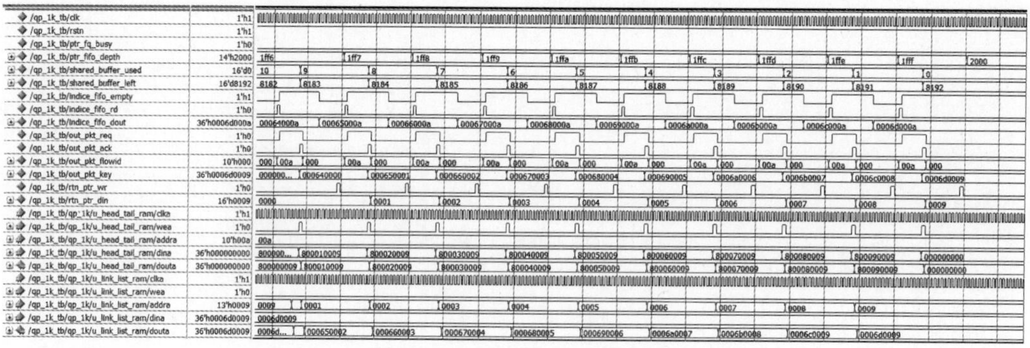

图 6-3 数据读出时连续 10 次指针请求操作仿真波形

图 6-4 是针对队列 10 先预留 5 块数据缓冲区,然后以 100 为 in_pkt_key 的起点,持续递增,连续进行 10 次指针请求操作的仿真波形。这里重点观察 shared_buffer_used 和 shared_buffer_left 的变化。可以看出,完成预留操作后,shared_buffer_left 的值由 8192 减小为 8187。此后,进行前面 5 次指针读取时,可以看出,shared_buffer_left 的值没有发生变化,优先使用预留的缓冲区;进行后面 5 次指针读取时,shared_buffer_left 的值不断减少,shared_buffer_used 的值从 0 逐渐增加为 5。

完成上面的写入操作后,仿真代码连续进行了 10 次指针读取操作(图 6-5)。观察 shared_buffer_used 和 shared_buffer_left 的变化可以看出,进行前 5 次读操作时,shared_buffer_used 持续减少,shared_buffer_left 持续增加,说明电路优先归还该队列占用的共享缓冲区;进行后面 5 次读操作时,shared_buffer_left 和 shared_buffer_used 都不再发生变化,电路归还的是该队列的私有缓冲区。

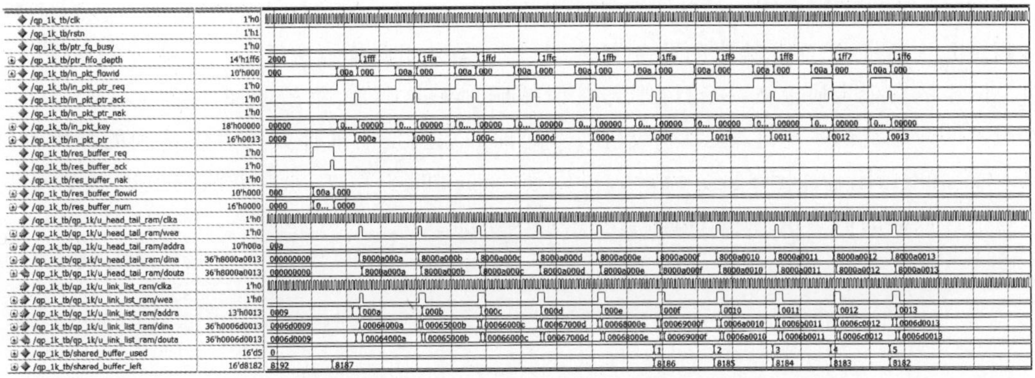

图 6-4 有资源预留时连续 10 次数据写入指针请求操作仿真波形

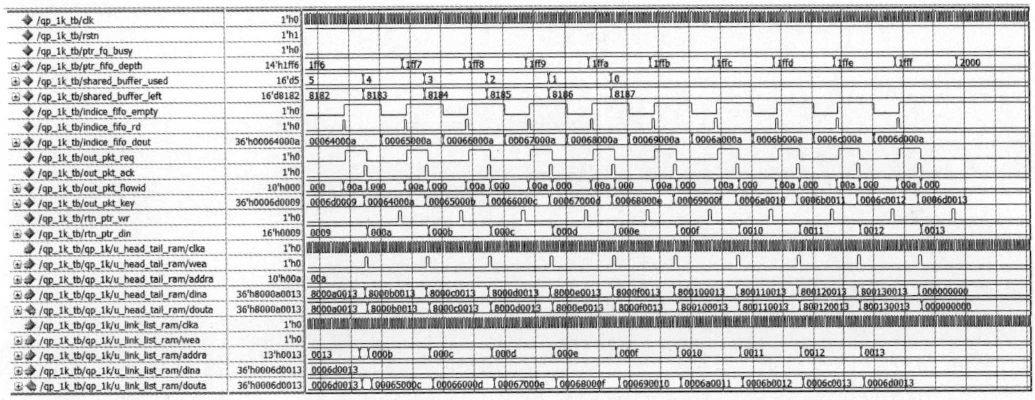

图 6-5 有资源预留时连续 10 次数据读出指针请求操作仿真波形

6.2 多用户队列调度器

队列调度器通常位于网络节点的输出端口处,用于在不同业务流之间,或者不同类别的业务之间分配输出带宽,从而提供所需的 QoS 能力。队列调度器可以采用的调度算法非常多,常见的包括公平轮询(Round Robin,RR)、严格优先级(Strict Priority,SP)、加权公平轮询(Weighted Round Robin,WRR)、基于赤字的公平轮询(Deficit-Round-Robin,DRR)等算法。本节设计的多用户队列调度器采用的是漏桶算法。

6.2.1 基于漏桶算法的多用户队列调度器电路结构

漏桶(也称为令牌桶或信用桶)算法可广泛应用于网络设备中,用于进行数据业务流的流量监管和流量整形。在计算机网络中,数据包的长度是变化的,从几十字节到上千字节,描述其流量特征常用的参数包括平均速率、峰值速率、最大突发长度等。在网络设备中,如果需要在入口处对特定业务流的流量特征进行监管,检查其是否符合约定的流量特征;或者在出口处对特定业务流进行流量整形,使得某些特定的业务流按照给定的流量特征输出,那么可以使用漏桶算法及相应的电路加以实现。随着用户对网络服务质量要求的不断提高,此类电路的应用日益广泛。

图 6-6 给出了漏桶算法的基本工作原理。图中左侧为等待输出调度的多个逻辑队列，右侧是允许通过的、实际输出的业务流，二者之间是采用漏桶算法进行输出调度的调度器电路。图中的漏桶本质上是一个计数器，其值按照预先的配置，每秒增加 r 字节，r 决定了可以通过的业务流的平均速率(字节数/秒)。漏桶的深度是漏桶计数器可以达到的最大计数值 h(即信用门限)，决定了业务流最大可以连续通过的字节数，即业务流的最大突发长度。当漏桶计数器的值累积到门限值时将不再继续累加。

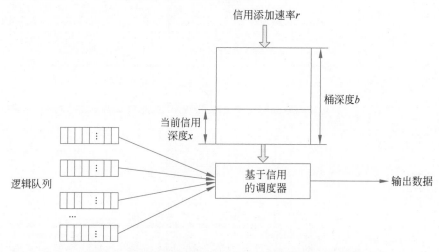

图 6-6　基于漏桶算法的多用户队列调度器原理示意图

该电路在具体工作时，当某个逻辑队列中的数据需要输出时，都需要有与其长度(字节数)对应的信用值才能通过。调度器根据数据包的长度查看令牌桶(信用计数器)中现有的信用值，看是否可以满足当前请求，如果可以，则将当前令牌桶中的信用值减去当前数据包申请的值并重新保存，然后将数据包从队列中读出，交给后级电路进行发送处理。如果当前可用信用值小于当前包长，那么该逻辑队列需要进行等待，当该队列的信用值累积到大于或等于队首分组长度时，才能将该分组从队列中调度出来。

本章设计的多用户队列调度器电路的内部结构及外部连接关系如图 6-7 所示。图中左侧的多用户队列管理器 1 的功能如本章前面所述，这里的多用户队列调度器采用的是漏桶算法。在电路实现时，由于可能同时需要管理成千上万个数据流，每个流对应的流量特征参数可以存储在 RAM 中。队列调度器内部包括三块存储器(credit_ram、credit_th_ram、credit_cnt_ram)，本设计中深度均为 1024，可分别存储 1024 个数据流单位时间增加的信用值、信用值门限和当前可用信用值。

在图 6-7 中，信用管理状态机根据外部定时器电路给出的定时信号，为每个队列按照 credit_ram 中写入的配置值周期性地添加信用值，最大可累计信用值由 credit_th_ram 中写入的信用门限值决定。一个数据分组到达后，读操作状态机首先向信用管理状态机发出信用请求，信用管理状态机根据其队列号对 credit_ram、credit_th_ram、credit_cnt_ram 进行读操作，对比 credit_cnt_ram 中存储的当前信用值和数据分组长度，如果信用值大于或等于数据分组长度，则将当前标记信息通过待发送数据标记输出接口交给分组输出操作电路，由该电路负责读取该队列队首的分组，然后归还指针。如果当前信用值比数据分组长度小，信用管理状态机会将相应的标记信息写入 dq_s_ram，并设置为信用等待状态。当定时器电路发出信用添加信号,到达一个信用添加周期时,信用管理状态机会逐一为每个逻辑队列添加信用值,同时检查相应队列是否处于信用等待状态,如果处于信用等待状态并且信用累积后满足发送条件,则将相应标记写入 dq_s_fifo,供读操作状态机进行发送处理,否则继续累积信用。

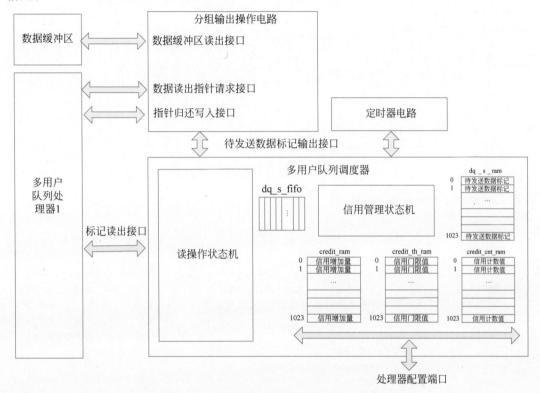

图 6-7 多用户队列调度器内部结构及外围连接关系

6.2.2 多用户队列调度器电路的设计与仿真分析

图 6-7 中已经给出了多用户队列调度器的外部接口关系,此处不再给出电路符号图。表 6-2 给出了多用户队列调度器电路的端口定义。

表 6-2 多用户队列调度器电路端口定义

端口名称	I/O 类型	位宽/比特	含 义
clk	input	1	系统时钟
rstn	input	1	复位信号,低电平有效
init	input	1	缓冲区初始化控制信号,其为 1 时,电路内部的主状态机始终处于 IDLE 状态,便于外部电路进行初始化配置
timer_req	input	1	外部定时器发出的信用添加请求信号,用于触发内部电路开始信用添加操作
timer_ack	output	1	给外部定时器的信用添加完成应答信号
cpu_cfg_addr	input	10	外部处理器配置操作地址信号
cpu_cfg_wr	input	1	外部处理器配置操作写控制信号,高电平有效

续表

端口名称	I/O类型	位宽/比特	含义
cpu_cfg_din	input	36	外部处理器配置操作写入数据信号
cpu_cfg_cs	input	4	外部处理器配置操作片选信号,共4位,用于选取不同的片内存储器
indice_req	input	1	标记读出接口。标记输入请求信号
indice_in	input	36	标记读出接口。待输入的标记值
indice_ack	output	1	标记读出接口。标记输入应答信号
dq_p_wr_req,	output	1	待发送数据标记输出接口。指针输出请求信号
dq_p_wr_ack	input	1	待发送数据标记输出接口。指针输出应答信号
dq_p_wr_din	output	36	待发送数据标记输出接口。输入到后级电路的指针值

下面是 scheduler_1k 电路的设计代码和设计注释,其管理的队列数为 1024。

```verilog
`timescale 1ns / 1ps
module scheduler_1k(
input            clk,
input            rstn,
input            init,
// =========================================================================
//外部定时器请求与应答信号,外部定时器进行周期计时,当一个计时周期到达后,通过 timer_req
//通知本电路开始为每个业务流进行信用添加,所有业务流都完成信用添加后,通过 timer_ack 置1
//进行应答
// =========================================================================
input            timer_req,
output reg        timer_ack,
// =========================================================================
//外部处理器配置端口,用于对记录每个时间片新增信用值的存储器(credit_ram)、记录信用值门限
//的存储器(credit_th_ram)、记录当前信用计数值的存储器(credit_cnt_ram)以及记录待发送分组
//状态信息的存储器(dq_s_ram)进行配置和初始化
// =========================================================================
input      [9:0]  cpu_cfg_addr,
input            cpu_cfg_wr,
input      [35:0] cpu_cfg_din,
input      [3:0]  cpu_cfg_cs,
// =========================================================================
//此接口与前级队列管理器电路相连接,indice_in 中包括16比特的 flow_id 值(此处实际使用10比特)
//和18比特的分组长度值(字节数)。本电路中,该业务流必须具有足够的信用值才能通过待发送
//数据标记输出接口将发送请求提交给数据输出操作电路
// =========================================================================
input            indice_req,
input      [35:0] indice_in,
output reg        indice_ack,
// =========================================================================
//此接口与分组输出操作电路相连接,dq_p_wr_din 的值与 indice_in 相同,包括16比特的 flow_id
//值和18比特的分组长度值
// =========================================================================
output reg [35:0] dq_p_wr_din,
output reg        dq_p_wr_req,
input            dq_p_wr_ack
```

```
    );
parameterFLOWID_TOP       = 1023;
// ================================================================
//dq_s_fifo中存储满足所需发送信用的分组信息
//dq_s_ram中存储因信用值不足而暂停发送分组的信息
// ================================================================
reg         [35:0]  dq_s_fifo_din;
reg                 dq_s_fifo_wr;
reg                 dq_s_fifo_rd;
wire        [35:0]  dq_s_fifo_dout;
wire                dq_s_fifo_empty;
reg                 dq_s_ram_wr;
reg         [35:0]  dq_s_ram_din;
wire        [35:0]  dq_s_ram_dout;
// ================================================================
//credit_ram: 记录每个时间片新增信用值
//credit_th_ram: 记录每个业务流的信用值门限
//credit_cnt_ram: 记录每个业务流当前的信用计数值
//dq_s_ram: 记录因信用不足而等待发送分组的信息
// ================================================================
reg         [9:0]   addrb,   add_addr;
wire        [17:0]  credit_ram_b_dout;
wire        [17:0]  credit_th_ram_b_dout;
reg                 credit_cnt_ram_b_wr;
reg         [17:0]  credit_cnt_ram_b_din;
wire        [17:0]  credit_cnt_ram_b_dout;
dpram_w18_d1k u_credit_ram (
  .clka(clk),                           // input clka
  .wea(cpu_cfg_wr & cpu_cfg_cs[0]),     // input [0 : 0] wea
  .addra(cpu_cfg_addr[9:0]),            // input [9 : 0] addra
  .dina(cpu_cfg_din[17:0]),             // input [17 : 0] dina
  .douta(),                             // output [17 : 0] douta
  .clkb(clk),                           // input clkb
  .web(1'b0),                           // input [0 : 0] web
  .addrb(addrb),                        // input [9 : 0] addrb
  .dinb(18'b0),                         // input [17 : 0] dinb
  .doutb(credit_ram_b_dout)            // output [17 : 0] doutb
);
dpram_w18_d1k u_credit_th_ram (
  .clka(clk),                           // input clka
  .wea(cpu_cfg_wr & cpu_cfg_cs[1]),     // input [0 : 0] wea
  .addra(cpu_cfg_addr[9:0]),            // input [9 : 0] addra
  .dina(cpu_cfg_din[17:0]),             // input [17 : 0] dina
  .douta(),                             // output [17 : 0] douta
  .clkb(clk),                           // input clkb
  .web(1'b0),                           // input [0 : 0] web
  .addrb(addrb),                        // input [9 : 0] addrb
  .dinb(18'b0),                         // input [17 : 0] dinb
  .doutb(credit_th_ram_b_dout)         // output [17 : 0] doutb
);
dpram_w18_d1k u_credit_cnt_ram (
  .clka(clk),                           // input clka
  .wea(cpu_cfg_wr & cpu_cfg_cs[2]),     // input [0 : 0] wea
  .addra(cpu_cfg_addr[9:0]),            // input [9 : 0] addra
```

```
        .dina(cpu_cfg_din[17:0]),            // input [17 : 0] dina
        .douta(),                            // output [17 : 0] douta
        .clkb(clk),                          // input clkb
        .web(credit_cnt_ram_b_wr),           // input [0 : 0] web
        .addrb(addrb),                       // input [9 : 0] addrb
        .dinb(credit_cnt_ram_b_din),         // input [17 : 0] dinb
        .doutb(credit_cnt_ram_b_dout)        // output [17 : 0] doutb
);
// ================================================================
//下面是信用管理状态机,其基本功能如下:
//(1)根据定时器电路的请求,周期性地根据配置为每个队列添加信用值;
//(2)接受来自读操作状态机(rstate)的请求,在信用满足发送需求时,更新信用值,同意发送;否则
//修改本地 dq_s_ram 中相应队列的状态,记录发送标记信息;
//(3)进行信用添加时,查询 dq_s_ram 中相应队列的状态,如果处于信用等待状态,则判断信用添加
//后是否满足发送条件,如果满足,则通知 rstate 进行发送处理,否则继续等待
// ================================================================
reg                 credit_req;
reg                 credit_ack;
reg                 credit_nak;
reg      [11:0]     credit_req_flowid;
reg      [17:0]     credit_req_cnt;
reg      [35:0]     credit_req_key;
reg      [17:0]     credit_reg;
reg      [17:0]     credit_th_reg;
reg      [17:0]     credit_cnt;
reg      [17:0]     new_credit;
wire     [17:0]     credit_required;
assign credit_required = dq_s_ram_dout[33:16];
parameter    IDLE        = 4'd0,
             CREDIT_REQ0 = 4'd1,
             CREDIT_REQ1 = 4'd2,
             CREDIT_REQ2 = 4'd3,
             CREDIT_ADD0 = 4'd4,
             CREDIT_ADD1 = 4'd5,
             CREDIT_ADD2 = 4'd6,
             CREDIT_ADD3 = 4'd7,
             CREDIT_ADD4 = 4'd8;
reg      [3:0]              cstate;
always @ (posedge clk or negedge rstn)
    if(!rstn) begin
        cstate           <= #2 IDLE;
        addrb            <= #2 0;
        add_addr         <= #2 0;
        timer_ack        <= #2 0;
        credit_cnt_ram_b_wr <= #2 0;
        credit_cnt_ram_b_din <= #2 0;
        dq_s_ram_wr      <= #2 0;
        dq_s_fifo_wr     <= #2 0;
        credit_ack       <= #2 0;
        credit_nak       <= #2 0;
        end
    else begin
        credit_ack           <= #2 0;
        credit_nak           <= #2 0;
```

```
credit_cnt_ram_b_wr      <= #2 0;
dq_s_ram_wr              <= #2 0;
dq_s_fifo_wr             <= #2 0;
timer_ack                <= #2 0;
case(cstate)
IDLE:begin
    if(init) cstate <= #2 IDLE;
    else if(credit_req)begin
        addrb     <= #2 credit_req_flowid;
        cstate    <= #2 CREDIT_REQ0;
        end
    else if(timer_req) begin
        addrb     <= #2 add_addr;
        cstate    <= #2 CREDIT_ADD0;
        end
    end
// ================================================================
//下面的状态用于判断现有信用值能否满足当前输入分组发送要求,如果可以满足,通过
//credit_ack 予以应答,否则通过 credit_nak 予以应答
// ================================================================
CREDIT_REQ0:cstate <= #2 CREDIT_REQ1;
CREDIT_REQ1:begin
    if(credit_cnt_ram_b_dout >= credit_req_cnt) begin
        credit_cnt_ram_b_din  <= #2 credit_cnt_ram_b_dout - credit_req_cnt;
        credit_cnt_ram_b_wr   <= #2 1;
        credit_ack            <= #2 1;
        end
    else begin
        dq_s_ram_din   <= #2 {1'b1,credit_req_key[34:0]};
        dq_s_ram_wr    <= #2 1;
        credit_nak     <= #2 1;
        end
    cstate        <= #2 CREDIT_REQ2;
    end
CREDIT_REQ2:cstate <= #2 IDLE;
// ================================================================
//下面的状态进行信用添加。如果信用添加后,和值大于信用门限值,则添加结果为信用
//门限值,否则为信用和值。此外还需判断,如果该业务流没有分组因信用值不足而处于
//等待状态(!dq_s_ram_dout[35]),则直接修改信用值;否则判断增加信用之后是否满足
//发送条件,如果满足,则将该分组信息写入 dq_s_fifo;否则仅更新信用值
// ================================================================
CREDIT_ADD0:cstate <= #2 CREDIT_ADD1;
CREDIT_ADD1:begin
    credit_reg     <= #2 credit_ram_b_dout;
    credit_th_reg  <= #2 credit_th_ram_b_dout;
    credit_cnt     <= #2 credit_cnt_ram_b_dout;
    new_credit     <= #2 credit_cnt_ram_b_dout + credit_ram_b_dout;
    cstate         <= #2 CREDIT_ADD2;
    end
CREDIT_ADD2:begin
    if(new_credit >= credit_th_reg) begin
        if(!dq_s_ram_dout[35]) begin
            credit_cnt_ram_b_din  <= #2 credit_th_ram_b_dout;
            credit_cnt_ram_b_wr   <= #2 1;
```

```verilog
                    end
                else begin
                    credit_cnt_ram_b_din   <= #2 credit_th_reg - credit_required;
                    credit_cnt_ram_b_wr    <= #2 1;
                    dq_s_fifo_din          <= #2 {1'b0,dq_s_ram_dout[34:0]};
                    dq_s_fifo_wr           <= #2 1;
                    dq_s_ram_din           <= #2 36'b0;
                    dq_s_ram_wr            <= #2 1;
                    end
                end
            else begin
                if(!dq_s_ram_dout[35]) begin
                    credit_cnt_ram_b_din   <= #2 new_credit;
                    credit_cnt_ram_b_wr    <= #2 1;
                    end
                else begin
                    if(new_credit >= credit_required)begin
                        credit_cnt_ram_b_din   <= #2 new_credit - credit_required;
                        credit_cnt_ram_b_wr    <= #2 1;
                        dq_s_fifo_din          <= #2 {1'b0,dq_s_ram_dout[34:0]};
                        dq_s_fifo_wr           <= #2 1;
                        dq_s_ram_din           <= #2 36'b0;
                        dq_s_ram_wr            <= #2 1;
                        end
                    else begin
                        credit_cnt_ram_b_din   <= #2 new_credit;
                        credit_cnt_ram_b_wr    <= #2 1;
                        end
                    end
                end
            cstate <= #2 CREDIT_ADD3;
            end
        CREDIT_ADD3:begin
            if(add_addr < FLOWID_TOP) begin
                add_addr <= #2 add_addr + 1;
                cstate         <= #2 IDLE;
                end
            else begin
                timer_ack      <= #2 1;
                add_addr       <= #2 0;
                cstate         <= #2 CREDIT_ADD4;
                end
            end
        CREDIT_ADD4:cstate     <= #2 IDLE;
        endcase
        end
dpram_w36_d1k u_dq_s_ram (
  .clka(clk),                          // input clka
  .wea(cpu_cfg_wr & cpu_cfg_cs[3]),    // input [0 : 0] wea
  .addra(cpu_cfg_addr[9:0]),           // input [9 : 0] addra
  .dina(cpu_cfg_din[35:0]),            // input [35 : 0] dina
  .douta(),                            // output [35 : 0] douta
  .clkb(clk),                          // input clkb
  .web(dq_s_ram_wr),                   // input [0 : 0] web
```

```verilog
    .addrb(addrb),                          // input [9 : 0] addrb
    .dinb(dq_s_ram_din),                    // input [35 : 0] dinb
    .doutb(dq_s_ram_dout)                   // output [35 : 0] doutb
);
sfifo_ft_w36_d1k u_dq_s_fifo (
    .clk(clk),                              // input clk
    .srst(!rstn),                           // input rst
    .din(dq_s_fifo_din),                    // input [35 : 0] din
    .wr_en(dq_s_fifo_wr),                   // input wr_en
    .rd_en(dq_s_fifo_rd),                   // input rd_en
    .dout(dq_s_fifo_dout),                  // output [35 : 0] dout
    .full(),                                // output full
    .empty(dq_s_fifo_empty),                // output empty
    .data_count()                           // output [10 : 0] data_count
);
reg [2:0] rstate;
always @(posedge clk or negedge rstn)
    if(!rstn) begin
        rstate <= #2 0;
        dq_p_wr_din      <= #2 0;
        dq_p_wr_req      <= #2 0;
        dq_s_fifo_rd     <= #2 0;
        credit_req       <= #2 0;
        credit_req_key   <= #2 0;
        indice_ack       <= #2 0;
        end
    else begin
        dq_s_fifo_rd   <= #2 0;
        indice_ack     <= #2 0;
        case(rstate)
        0:begin
            // =========================================================
            //当有来自前级电路的请求时(indice_req 为 1),向 cstate 状态机发出信用请求。
            //如果该业务流的当前信用可以满足要求,则直接将相关信息通过 dq_p_wr 接口
            //发送给后级电路; 否则 cstate 状态机将该分组的信息写入 dq_s_ram,并在信用
            //满足需要时,将分组的信息写入 dq_s_fifo,通过本状态机交给后级电路
            // =========================================================
            if(indice_req)begin
                indice_ack          <= #2 1;
                credit_req          <= #2 1;
                credit_req_cnt      <= #2 indice_in[33:16];
                credit_req_flowid   <= #2 indice_in[9:0];
                credit_req_key      <= #2 indice_in[35:0];
                rstate              <= #2 1;
                end
            else if(!dq_s_fifo_empty)begin
                dq_s_fifo_rd   <= #2 1;
                dq_p_wr_din    <= #2 dq_s_fifo_dout[35:0];
                dq_p_wr_req    <= #2 1;
                rstate         <= #2 2;
                end
            end
        1:begin
            if(credit_ack) begin
```

```
                    credit_req      <= #2 0;
                    dq_p_wr_req     <= #2 1;
                    dq_p_wr_din     <= #2 credit_req_key;
                    rstate          <= #2 2;
                    end
               else if(credit_nak) begin
                    credit_req      <= #2 0;
                    rstate          <= #2 3;
                    end
               end
          2:begin
               if(dq_p_wr_ack) begin
                    dq_p_wr_req     <= #2 0;
                    rstate          <= #2 3;
                    end
               end
          3:rstate <= #2 0;
          endcase
          end
endmodule
```

对于上面给出的 scheduler_1k 电路代码,补充说明如下:

(1) 对于片内存储器,此处需要通过外部处理器对其进行初始化,没有使用内部电路进行初始化。

(2) 每条业务流的输出带宽由外部定时器给出的信用添加周期和每次添加的信用值共同决定。

(3) 信用添加周期越短,对流量控制的精度越高,但考虑到每个信用添加周期需要对所有队列进行信用添加,队列数量较大时,信用添加时间会相应增加。完成一次对所有队列进行信用添加的时间应小于信用添加周期。

(4) 如果需要进一步提高队列调度器的处理速度,可以使用寄存器组代替 RAM 存储每条业务流信用配置参数,队列数量较大时会消耗大量的寄存器资源。

(5) 在很多应用场景下,需要将基于信用的转发和基于优先级的转发混合使用。例如,1024 个队列中,队列号 0~7 对应 8 个按照优先级转发的队列,队列号 8~1023 可用于基于信用的转发队列。此时,除了当前电路中的 dq_s_fifo,可以增加 8 个小容量的 FIFO,存储队列 0~7 的 indice。当 dq_s_fifo 非空时,先读出其中存储的 indice;当 dq_s_fifo 为空时,按照优先级调度策略,读出不同优先级队列的 indice。

下面是调度器的仿真代码。

```
module scheduler_1k_tb;
reg            clk;
reg            rstn;
reg            init;
reg            timer_req;
wire           timer_ack;
reg    [9:0]   cpu_cfg_addr;
reg            cpu_cfg_wr;
reg    [35:0]  cpu_cfg_din;
reg    [3:0]   cpu_cfg_cs;
```

```verilog
reg                    indice_req;
reg        [35:0]      indice_in;
wire                   indice_ack;
wire       [35:0]      dq_p_wr_din;
wire                   dq_p_wr_req;
reg                    dq_p_wr_ack;
always #5 clk = ~clk;
scheduler_1k u_scheduler_1k(
    .clk          (clk            ),
    .rstn         (rstn           ),
    .init         (init           ),
    .timer_req    (timer_req      ),
    .timer_ack    (timer_ack      ),
    .cpu_cfg_addr (cpu_cfg_addr   ),
    .cpu_cfg_wr   (cpu_cfg_wr     ),
    .cpu_cfg_din  (cpu_cfg_din    ),
    .cpu_cfg_cs   (cpu_cfg_cs     ),
    .indice_req   (indice_req     ),
    .indice_in    (indice_in      ),
    .indice_ack   (indice_ack     ),
    .dq_p_wr_din  (dq_p_wr_din    ),
    .dq_p_wr_req  (dq_p_wr_req    ),
    .dq_p_wr_ack  (dq_p_wr_ack    )
    );
initial begin
    clk = 0;
    rstn = 0;
    init = 0;
    timer_req = 0;
    cpu_cfg_addr = 0;
    cpu_cfg_wr = 0;
    cpu_cfg_din = 0;
    cpu_cfg_cs = 0;
    indice_req = 0;
    indice_in = 0;
    dq_p_wr_ack = 0;
    #100;
    rstn = 1;
    #1000;
    init = 1;
    sram_init;
    init = 0;
    #1000;
    tx_indice(100,600);
    end
//下面的代码用于模拟后级电路接收待发送分组信息并给出响应
always begin
    while (!dq_p_wr_req) repeat(1)@(posedge clk);
    #2;
    dq_p_wr_ack = 1;
    repeat(1)@(posedge clk);
    #2;
    dq_p_wr_ack = 0;
    repeat(1)@(posedge clk);
```

```
        #2;
    end
//下面的代码用于周期性地触发信用添加请求
always begin
    repeat(10000) @(posedge clk);
    #2;
    timer_req = 1;
    while (!timer_ack) repeat(1)@(posedge clk);
    #2;
    timer_req = 0;
    end
//下面的任务用于模拟处理器对电路进行初始化
task sram_init;
integer i;
begin
    repeat(1)@(posedge clk);
    for(i = 0;i < 1024;i = i + 1) begin
        cpu_cfg_addr = i;
        cpu_cfg_wr = 1;
        cpu_cfg_din = 500;
        cpu_cfg_cs = 4'b0001;
        repeat(1)@(posedge clk);
        #2;
        cpu_cfg_din = 2000;
        cpu_cfg_cs = 4'b0010;
        repeat(1)@(posedge clk);
        #2;
        cpu_cfg_din = 0;
        cpu_cfg_cs = 4'b1100;
        repeat(1)@(posedge clk);
        #2;
        cpu_cfg_cs = 4'b0000;
        end
    end
endtask
//下面的任务用于产生分组发送标记
task tx_indice;
input    [15:0]    flow_id;
input    [17:0]    pkt_len;
begin
    repeat(1)@(posedge clk);
    #2;
    indice_req = 1;
    indice_in = {2'b0,pkt_len[17:0],flow_id[15:0]};
    while(!indice_ack) repeat(1)@(posedge clk);
    #2;
    indice_req = 0;
    indice_in = 0;
    end
endtask
endmodule
```

由于仿真代码易于理解,此处不对仿真波形做进一步的分析。

6.3　基于 DDR 的多用户队列管理器

6.3.1　基于 DDR 的多用户队列管理器工作机制

基于 DDR 的多用户队列管理器(简称多用户队列管理器2)的内部结构、外部电路和各类接口如图 6-8 所示。

图 6-8　多用户队列管理器 2 的内部结构

多用户队列管理器 2 在以下方面与多用户队列管理器 1 不同：

第一是多用户队列管理器 2 中,一个逻辑队列号(ingress_qnr)对应的逻辑队列存储的是一个文件对应的所有分段,或者是一个大的消息对应的所有分段。上层应用完成对一个文件或者消息的本地存储后,再将其调度输出。

第二是多用户队列管理器 2 支持文件或消息的重传。这种重传是以文件或消息为单位的。此时队列管理器 2 需要记录队列的起始指针、队列深度等信息,在上级电路要求重传时,可以进行逻辑队列恢复。

第三是共享缓冲区采用数据块结合数据分段的划分方式。多用户队列管理器 2 的共享数据存储器为大容量的 DDR 存储器。共享数据存储器被划分为大小相等的数据分段(如 1024 字节或 2048 字节),每个数据分段对应一个指针。多用户队列管理器 2 如果按照多用户队列管理器 1 的方式,为每个数据分段都直接分配一个指针,那么以 2048 字节为一个分段时,2MB 共享存储空间需要 1024 个指针,2GB 存储空间需要 1M 个指针。如果这些指针在 FPGA 芯片内部管理,对硬件资源是一个巨大的消耗。如果增大每个数据分段的长度,则会造成数据存储区使用的浪费。因此本电路采用数据块结合数据分段的缓冲区划分方式。例如,共享缓冲区被划分为 64KB 的数据块,每个数据块对应一个指针,每个队列对应一个指针链表,从而实现基于 64KB 数据块的缓冲区共享使用。每个 64KB 数据块被划分为 32 个 2KB 的分段,这些分段被编号为 0~31,按照顺序使用。每个数据块内部的 32 个数据分段被全部占用后,会申请新的数据块。这种机制可以在支持基于数据块的缓冲区共享的同时,提高数据块内部数据缓冲区的利用率,大幅减少了指针缓冲区的占用量。

图 6-8 中,与多用户队列管理器 1 类似,外部数据在数据写入处理电路中进行预处理,如果需要将数据写入数据缓冲区,则首先通过数据写入指针请求接口向多用户队列管理器 2 发出请求,获得指向数据缓冲区中某段存储空间的指针。在进行请求时,数据输入处理电路需要提供待写入数据所属的队列号(ingress_qnr),该 ingress_qnr 在本电路中对应着一个先入先出的逻辑队列。

多用户队列管理器 2 收到数据写入处理电路发出的指针请求后,首先根据输入的 ingress_qnr 从本地缓冲区中(head_tail_sram、q_len_sram、wr_rd_ptr_sram)读出相应队列的状态信息。其中,head_tail_sram 中存储着当前队列数据块链表的首(head)、尾(tail)指针;q_len_sram 中存储着当前队列中包含的数据分段数;wr_rd_ptr_sram 中存储着当前逻辑队列最后一个数据块的数据分段读写指针(wr_ptr 和 rd_ptr)。数据分段写入时,如果当前数据块中有可用数据分段,则接受该请求,将当前数据块指针和数据块内数据分段的写指针(当前 wr_ptr 值增加 1)合并,作为当前数据在 DDR 中的写指针。如果当前数据块无可用数据分段,则查看自由指针缓冲区(fq_ram)是否为空,如果非空,则读取一个新的数据块指针,以 0 为数据块内数据分段写指针(即 wr_ptr 为 0),二者合并作为当前数据在 DDR 中的写指针。否则直接拒绝该请求,返回空闲状态。若多用户队列管理器 2 接受当前请求,则会更新当前逻辑队列的状态,包括更新当前队列的长度(深度)值,数据块头、尾指针值和块内分段的写指针值,如果使用了新的数据块,还需要将该数据块的指针加入逻辑队列链表中。

在本设计中,每个逻辑队列对应一个文件或者消息,其通常占用多个数据分段。当文件或消息的最后一个分段到达时,通过 ingress_ptr_last 进行指示,完成当前数据分段写入后,数据读出电路可以对这个逻辑队列中的数据进行发送。一个逻辑队列存储一个大文件时,其占用的缓冲区容量可能非常大;相反,最为极端的情况下,一个逻辑队列可能只占用一个数据块中的一个数据分段。

多用户队列管理器 2 通过数据读出指针请求操作端口读出某个逻辑队列首部的数据分段指针。多用户队列管理器 2 收到指针读出请求后,根据逻辑队列号读出该队列的头尾指针、当前队列深度、数据块内数据分段的读指针(rd_ptr)等信息,然后将当前头指针和数据分段读指针结合,作为 DDR 数据缓冲区读指针提供给数据读出处理电路,并更新当前逻辑队列状态。

数据读出电路可以通过数据重传请求操作端口申请重传某个逻辑队列中的数据。在多用户队列管理器 2 中会记录每个逻辑队列的头指针(通过 re_head_sram)和逻辑队列中的数据块数(通过 re_num_sram)。收到重传请求后,多用户队列管理器 2 会用 re_head_sram 和 re_num_sram 中存储的队首指针和队列长度值替代 head_tail_sram 中的头指针值和 q_len_sram 中的逻辑队列长度值,从而进行数据的重新发送。

数据读出电路在某个逻辑队列的数据发送完成后,通过指针归还操作端口申请指针归还,释放该队列占用的数据缓冲区。此时,多用户队列管理器 2 会首先采用与数据重传类似的操作,恢复逻辑队列的头指针和队列长度,然后从队列的首部开始,逐一将该队列的块指针写入 fq_ram,同时将 wr_ptr 和 rd_ptr 置 0,使该队列被完全清空。

6.3.2　基于 DDR 的多用户队列管理器设计与仿真代码

图 6-9 是基于 DDR 的多用户队列管理器电路符号图,其外部端口及具体含义如表 6-3 所示。

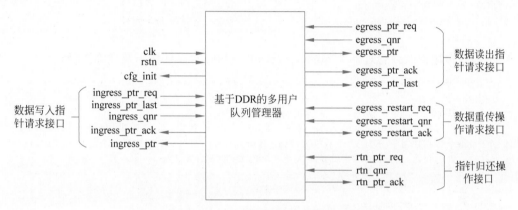

图 6-9　基于 DDR 的多用户队列管理器电路符号图

表 6-3　基于 DDR 的多用户队列管理器端口定义

端口名称	I/O 类型	位宽/比特	含义
clk	input	1	系统时钟
rstn	input	1	复位信号,低电平有效
cfg_init	output	1	电路内部初始化状态指示信号。系统上电复位后,开始进行内部缓冲区初始化,其始终保持为 1,系统初始化完成后,其由 1 跳变为 0
ingress_ptr_req	input	1	外部电路向缓冲区写入分组时产生的输入分组指针请求,1 表示有请求,0 表示无请求
ingress_ptr_ack	output	1	针对输入分组指针请求的应答信号
ingress_ptr_last	input	1	当前输入分组是一个文件或消息的最后一个分组时,此信号为 1,否则为 0
ingress_qnr	input	12	当前输入分组所属队列号
ingress_ptr	output	19	分配给当前输入分组的指针,指向一个数据分段缓冲区
egress_ptr_req	input	1	外部电路从缓冲区读出分组时产生的读出分组指针请求,1 表示有请求,0 表示无请求
egress_ptr_ack	output	1	针对读出分组指针请求的应答信号
egress_ptr_last	output	1	当前待读出分组指针指向一个文件或消息的最后一个分组时,此信号为 1,否则为 0
egress_qnr	input	12	当前待读出分组所属队列号
egress_ptr	output	19	当前待读出分组的指针,指向一个数据分段缓冲区
egress_restart_req	input	1	重新发送一个逻辑队列内所有分段的请求信号

端口名称	I/O 类型	位宽/比特	含 义
egress_restart_ack	output	1	重新发送一个逻辑队列内所有分段的请求应答信号
egress_restart_qnr	input	12	请求重新发送数据的队列号
rtn_ptr_req	input	1	指针归还请求信号
rtn_ptr_ack	output	1	指针归还请求应答信号
rtn_qnr	input	12	请求归还指针的队列号

下面是多用户队列管理器 2(queue_controller_blk)的设计代码及详细注释。

```verilog
// ===================================================================
//主要电路参数:
//(1)支持 4096 个队列,队列号为 0～4095;
//(2)数据缓冲区指针取值范围为 0～16383,即 16K 个指针,指向 16K 个数据块;
//(3)每个数据块被划分为 32 个数据分段,使用 wr_ptr 和 rd_ptr 作为数据分段的写入和读出指针;
//(4)此处的自由指针和读写指针位宽大于实际需要,便于后续扩展
// ===================================================================
`timescale 1ns/100ps
module queue_controller_blk(
input                 clk,
input                 rstn,
output  reg           cfg_init,
//指针写入操作端口
input                 ingress_ptr_req,
output  reg           ingress_ptr_ack,
input                 ingress_ptr_last,
input         [11:0]  ingress_qnr,
output  reg   [18:0]  ingress_ptr,
//指针读出操作端口
input                 egress_ptr_req,
output  reg           egress_ptr_ack,
output  reg           egress_ptr_last,
input         [11:0]  egress_qnr,
output  reg   [18:0]  egress_ptr,
//重传操作端口
input                 egress_restart_req,
output  reg           egress_restart_ack,
input         [11:0]  egress_restart_qnr,
//指针归还操作端口
input                 rtn_ptr_req,
output  reg           rtn_ptr_ack,
input         [11:0]  rtn_qnr
);
parameter FQ_TOP = 16383;
parameter SEG_TOP      = 31;
parameter BLK_SEG_NUM  = 32;
parameter     IDLE          = 32'h00_00_00_01,
              WR1           = 32'h00_00_00_02,
              WR2           = 32'h00_00_00_04,
              WR3           = 32'h00_00_00_08,
              WR_FIRST_SEG  = 32'h00_00_00_10,
```

```
                WR_INC_PTR1       = 32'h00_00_00_20,
                WR_INC_PTR2       = 32'h00_00_00_40,
                WR_NEW_BLK1       = 32'h00_00_00_80,
                WR_NEW_BLK2       = 32'h00_00_01_00,
                RD1               = 32'h00_00_02_00,
                RD2               = 32'h00_00_04_00,
                RD3               = 32'h00_00_08_00,
                RD_NEW_PTR        = 32'h00_00_10_00,
                RD_NEW_BLK_PTR1   = 32'h00_00_20_00,
                RD_NEW_BLK_PTR2   = 32'h00_00_40_00,
                RESTART1          = 32'h00_00_80_00,
                RESTART2          = 32'h00_01_00_00,
                RESTART3          = 32'h00_02_00_00,
                RTN1              = 32'h00_04_00_00,
                RTN2              = 32'h00_08_00_00,
                RTN3              = 32'h00_10_00_00,
                RTN4              = 32'h00_20_00_00,
                RTN5              = 32'h00_40_00_00,
                RTN6              = 32'h00_80_00_00,
                INIT              = 32'h01_00_00_00;
//fq_ram 用于存储自由指针
reg     [15:0]  fq_ram_addr;
reg     [17:0]  fq_ram_din;
wire    [17:0]  fq_ram_dout;
reg             fq_ram_wr;
//ht_ram 用于存储一个逻辑队列的头、尾指针
reg     [11:0]  ht_ram_addr;
reg     [35:0]  ht_ram_din;
reg             ht_ram_wr;
wire    [35:0]  ht_ram_dout;
//q_len_ram 用于存储一个逻辑队列的长度
reg             q_len_ram_wr;
reg     [11:0]  q_len_ram_addr;
reg     [17:0]  q_len_ram_din;
wire    [17:0]  q_len_ram_dout;
//ll_ram 用于存储一个逻辑队列的链表
reg     [15:0]  ll_ram_addr;
reg     [17:0]  ll_ram_din;
wire    [17:0]  ll_ram_dout;
reg             ll_ram_wr;
//ptr_ram 用于存储一个数据块内的读写指针
reg             ptr_ram_wr;
reg     [11:0]  ptr_ram_addr;
reg     [17:0]  ptr_ram_din;
wire    [17:0]  ptr_ram_dout;
//re_num_ram 用于存储一个逻辑队列的长度
reg             re_num_ram_wr;
reg     [17:0]  re_num_ram_din;
reg     [11:0]  re_num_ram_addr;
wire    [17:0]  re_num_ram_dout;
//re_head_ram 用于存储一个逻辑队列的起始指针
reg             re_head_ram_wr;
reg     [11:0]  re_head_ram_addr;
reg     [17:0]  re_head_ram_din;
```

```verilog
wire    [17:0]  re_head_ram_dout;
reg             rtn_operation;
reg     [15:0]  head,tail;
reg     [17:0]  seg_num;
reg     [7:0]   wr_ptr,rd_ptr;
reg     [31:0]  state;
always @(posedge clk or negedge rstn)
    if(!rstn)begin
        state               <= #2 IDLE;
        cfg_init            <= #2 1;
        ingress_ptr_ack     <= #2 0;
        ingress_ptr         <= #2 0;
        fq_ram_wr           <= #2 0;
        q_len_ram_wr        <= #2 0;
        ht_ram_wr           <= #2 0;
        ll_ram_wr           <= #2 0;
        ptr_ram_wr          <= #2 0;
        head                <= #2 0;
        tail                <= #2 0;
        seg_num             <= #2 0;
        egress_ptr_ack      <= #2 0;
        rtn_ptr_ack         <= #2 0;
        re_num_ram_wr       <= #2 0;
        re_head_ram_wr      <= #2 0;
        egress_restart_ack  <= #2 0;
        rtn_operation       <= #2 0;
        egress_ptr_last     <= #2 0;
        end
    else begin
        ingress_ptr_ack     <= #2 0;
        egress_ptr_ack      <= #2 0;
        re_num_ram_wr       <= #2 0;
        re_head_ram_wr      <= #2 0;
        egress_restart_ack  <= #2 0;
        egress_ptr_last     <= #2 0;
        case(state)
        IDLE:begin
            ll_ram_wr           <= #2 0;
            fq_ram_wr           <= #2 0;
            ht_ram_wr           <= #2 0;
            ptr_ram_wr          <= #2 0;
            q_len_ram_wr        <= #2 0;
            rtn_operation       <= #2 0;
            if(cfg_init) begin
                fq_ram_addr         <= #2 0;
                fq_ram_din          <= #2 0;
                fq_ram_wr           <= #2 1;
                ht_ram_addr         <= #2 0;
                ht_ram_din          <= #2 0;
                ht_ram_wr           <= #2 1;
                ll_ram_addr         <= #2 0;
                ll_ram_din          <= #2 0;
                ll_ram_wr           <= #2 1;
                ptr_ram_addr        <= #2 0;
```

```
            ptr_ram_din        <= #2 0;
            ptr_ram_wr         <= #2 1;
            q_len_ram_addr     <= #2 0;
            q_len_ram_din      <= #2 0;
            q_len_ram_wr       <= #2 1;
            state              <= #2 INIT;
            end
    else begin
        //数据写入指针添加处理
        if(ingress_ptr_req) begin
            ht_ram_addr        <= #2 ingress_qnr;
            ptr_ram_addr       <= #2 ingress_qnr;
            q_len_ram_addr     <= #2 ingress_qnr;
            state              <= #2 WR1;
            end
        //数据发送指针读取处理
        else if(egress_ptr_req) begin
            q_len_ram_addr     <= #2 egress_qnr;
            ht_ram_addr        <= #2 egress_qnr;
            ptr_ram_addr       <= #2 egress_qnr;
            re_num_ram_addr    <= #2 egress_qnr;
            re_head_ram_addr   <= #2 egress_qnr;
            state              <= #2 RD1;
            end
        //数据重传处理
        else if(egress_restart_req) begin
            q_len_ram_addr     <= #2 egress_restart_qnr[10:0];
            ht_ram_addr        <= #2 egress_restart_qnr[10:0];
            ptr_ram_addr       <= #2 egress_restart_qnr[10:0];
            re_num_ram_addr    <= #2 egress_restart_qnr[10:0];
            re_head_ram_addr   <= #2 egress_restart_qnr[10:0];
            state              <= #2 RESTART1;
            end
        //数据发送后指针归还处理
        else if(rtn_ptr_req) begin
            ht_ram_addr        <= #2 rtn_qnr;
            q_len_ram_addr     <= #2 rtn_qnr;
            ptr_ram_addr       <= #2 rtn_qnr;
            re_num_ram_addr    <= #2 rtn_qnr;
            re_head_ram_addr   <= #2 rtn_qnr;
            rtn_operation      <= #2 1;
            state              <= #2 RESTART1;
            end
        end
    end
// ================================================================
//数据写入指针添加处理相关状态
// ================================================================
WR1:state <= #2 WR2;
WR2:begin
    head    <= #2 ht_ram_dout[31:16];
    tail    <= #2 ht_ram_dout[15:0];
    wr_ptr  <= #2 ptr_ram_dout[15:8];
    rd_ptr  <= #2 ptr_ram_dout[7:0];
```

```verilog
        seg_num  <= #2 q_len_ram_dout[17:0];
        // =============================================================
        //如果当前指针为该队列的最后一个指针,将当前队列深度写入 re_num_ram,供数据
        //重传和指针归还使用
        // =============================================================
        if(ingress_ptr_last) begin
            re_num_ram_addr  <= #2 ingress_qnr[11:0];
            re_num_ram_din   <= #2 q_len_ram_dout[17:0] + 1;
            re_num_ram_wr    <= #2 1;
            end
        state <= #2 WR3;
        end
WR3:begin
        seg_num[17:0]    <= #2 seg_num[17:0] + 1;
        // =============================================================
        //如果当前指针为一个队列的首指针,进行如下操作
        // =============================================================
        if(!seg_num) begin
            head         <= #2 fq_ram_dout[15:0];
            tail         <= #2 fq_ram_dout[15:0];
            ll_ram_addr  <= #2 fq_ram_dout[15:0];
            ll_ram_din   <= #2 {2'b0,fq_ram_dout[15:0]};
            ll_ram_wr    <= #2 1;
            //注意,此处的 ingress_ptr 由新增的数据块指针和
            //wr_ptr(取值为 5'b0)共同构成
            ingress_ptr          <= #2 {fq_ram_dout[13:0],5'b0};
            ingress_ptr_ack      <= #2 1;
            wr_ptr               <= #2 8'b0;
            rd_ptr               <= #2 8'b0;
            re_head_ram_addr[11:0]<= #2 ingress_qnr[11:0];
            re_head_ram_din[17:0] <= #2 {2'b0,fq_ram_dout[15:0]};
            re_head_ram_wr       <= #2 1;
            state                <= #2 WR_FIRST_SEG;
            end
        // =============================================================
        //如果当前指针不是一个队列的首指针,进行如下操作。
        //这里的 SEG_TOP 是一个存储块中包含的数据分段数 - 1,即最大分段指针值
        // =============================================================
        else begin
            //如果当前分段指针并非一个数据块的最后一个指针,进行如下操作
            if(wr_ptr < SEG_TOP)begin
                wr_ptr   <= #2 wr_ptr + 1;
                state    <= #2 WR_INC_PTR1;
                end
            //如果当前指针是一个数据块的最后一个指针,进行如下操作
            else begin
                wr_ptr   <= #2 8'b0;
                rd_ptr   <= #2 8'b0;
                state <= #2 WR_NEW_BLK1;
                end
            end
        end
WR_FIRST_SEG:begin
        // =============================================================
```

```
//如果指针是一个数据块的最后一个,更新队列状态存储器
// ===============================================================
ll_ram_wr              <= #2 0;
ht_ram_din[31:16]      <= #2 head;
ht_ram_din[15:0]       <= #2 fq_ram_dout[15:0];
ht_ram_wr              <= #2 1;
q_len_ram_din[17:0]    <= #2 seg_num;
q_len_ram_wr           <= #2 1;
ptr_ram_din[15:0]      <= #2 {wr_ptr[7:0],rd_ptr[7:0]};
fq_ram_addr            <= #2 fq_ram_addr - 1;
state                  <= #2 IDLE;
end
WR_INC_PTR1:begin
    // ===============================================================
    //如果当前指针不是一个数据块的最后一个,更新队列状态存储器,此处应注意观察
    //ingress_ptr 的构成,包括了数据块指针(tail)和数据块内部的分段写指针(wr_ptr)
    // ===============================================================
    ingress_ptr_ack        <= #2 1;
    ingress_ptr            <= #2 {tail[13:0],wr_ptr[4:0]};
    q_len_ram_din[17:0]    <= #2 seg_num;
    q_len_ram_wr           <= #2 1;
    ptr_ram_din[15:0]      <= #2 {wr_ptr[7:0],rd_ptr[7:0]};
    ptr_ram_wr             <= #2 1;
    state                  <= #2 WR_INC_PTR2;
    end
WR_INC_PTR2:begin
    ptr_ram_wr             <= #2 0;
    q_len_ram_wr           <= #2 0;
    state                  <= #2 IDLE;
    end
// ===============================================================
//如果当前数据需要写入一个新数据块的第一个分段区域,将新增数据块指针加入链表
// ===============================================================
WR_NEW_BLK1:begin
    ll_ram_addr            <= #2 tail[15:0];
    ll_ram_din             <= #2 {2'b0,fq_ram_dout[15:0]};
    ll_ram_wr              <= #2 1;
    ht_ram_din[31:16]      <= #2 head;
    ht_ram_din[15:0]       <= #2 fq_ram_dout[15:0];
    ht_ram_wr              <= #2 1;
    q_len_ram_din[17:0]    <= #2 seg_num;
    q_len_ram_wr           <= #2 1;
    ptr_ram_din[15:0]      <= #2 {wr_ptr[7:0],rd_ptr[7:0]};
    ptr_ram_wr             <= #2 1;
    ingress_ptr            <= #2 {fq_ram_dout[13:0],5'b0};
    ingress_ptr_ack        <= #2 1;
    fq_ram_addr            <= #2 fq_ram_addr - 1;
    state                  <= #2 WR_NEW_BLK2;
    end
WR_NEW_BLK2:begin
    ll_ram_wr              <= #2 0;
    ht_ram_wr              <= #2 0;
    ptr_ram_wr             <= #2 0;
    q_len_ram_wr           <= #2 0;
```

```
        state            <= #2 IDLE;
    end
// ================================================================
//    下面是数据发送指针读取处理状态机
// ================================================================
RD1:state <= #2 RD2;
RD2:begin
    head      <= #2 ht_ram_dout[31:16];
    tail      <= #2 ht_ram_dout[15:0];
    wr_ptr    <= #2 ptr_ram_dout[15:8];
    rd_ptr    <= #2 ptr_ram_dout[7:0];
    seg_num   <= #2 q_len_ram_dout[17:0];
    State     <= #2 RD3;
    end
RD3:begin
    egress_ptr_ack <= #2 1;
    egress_ptr     <= #2 {head[13:0],rd_ptr[4:0]};
    if(seg_num == 18'd1)  egress_ptr_last <= #2 1;
    else egress_          ptr_last      <= #2 0;
    q_len_ram_din[17:0]   <= #2 seg_num - 1;
    q_len_ram_wr          <= #2 1;
    // ================================================================
    //如果当前读指针不是一个数据块的最后一个指针,进行如下操作
    // ================================================================
    if(rd_ptr < SEG_TOP) begin
        rd_ptr    <= #2 rd_ptr + 1;
        state     <= #2 RD_NEW_PTR;
        end
    // ================================================================
    //如果当前读指针是一个数据块的最后一个指针,进行如下操作
    // ================================================================
    else begin
        rd_ptr         <= #2 0;
        ll_ram_addr    <= #2 head[13:0];
        state          <= #2 RD_NEW_BLK_PTR1;
        end
    end
RD_NEW_PTR:begin
    q_len_ram_wr       <= #2 0;
    ptr_ram_din        <= #2 {wr_ptr[7:0],rd_ptr[7:0]};
    ptr_ram_wr         <= #2 1;
    state              <= #2 IDLE;
    end
RD_NEW_BLK_PTR1:begin
    q_len_ram_wr       <= #2 0;
    state              <= #2 RD_NEW_BLK_PTR2;
    end
RD_NEW_BLK_PTR2:begin
    ptr_ram_din        <= #2 {wr_ptr[7:0],rd_ptr[7:0]};
    ptr_ram_wr         <= #2 1;
    ht_ram_din         <= #2 {ll_ram_dout[15:0],tail[15:0]};
    ht_ram_wr          <= #2 1;
    state              <= #2 IDLE;
    end
```

```
// =================================================================
//rtn_operation 为 0 时,下列状态用于重新发送一个队列的所有数据,具体操作时,恢复
//本队列的头指针和队列长度即可;如果 rtn_operation 为 1,则从队列头开始,拆除该队
//列的链表,归还数据块对应的指针
// =================================================================
RESTART1 : state              <= #2 RESTART2;
RESTART2 : begin
    head                      <= #2 re_head_ram_dout[15:0];
    tail                      <= #2 ht_ram_dout[15:0];
    seg_num                   <= #2 re_num_ram_dout[17:0];
    egress_restart_ack        <= #2 !rtn_operation;
    state                     <= #2 RESTART3;
    end
RESTART3 : begin
    ht_ram_din                <= #2 {head[15:0],tail[15:0]};
    ht_ram_wr                 <= #2 1;
    q_len_ram_din             <= #2 seg_num;
    q_len_ram_wr              <= #2 1;
    ptr_ram_din               <= #2 0;
    ptr_ram_wr                <= #2 1;
    if(!rtn_operation)  state <= #2 IDLE;
    else state                <= #2 RTN1;
    end
// =================================================================
//下列状态用于归还一个队列的所有指针,这里需要从一个链表的头部开始,逐一拆除链
//表,将指针写入自由指针缓冲区
// =================================================================
RTN1 : begin
    ht_ram_wr    <= #2 0;
    q_len_ram_wr <= #2 0;
    ptr_ram_wr   <= #2 0;
    state        <= #2 RTN2;
    end
RTN2 : begin
    head         <= #2 ht_ram_dout[31:16];
    tail         <= #2 ht_ram_dout[15:0];
    seg_num      <= #2 q_len_ram_dout[17:0];
    state        <= #2 RTN3;
    end
RTN3 : begin
    fq_ram_din    <= #2 {2'b0, head[15:0]};
    fq_ram_addr   <= #2 fq_ram_addr + 1;
    fq_ram_wr     <= #2 1;
    if(seg_num > BLK_SEG_NUM)begin
        seg_num       <= #2 seg_num - BLK_SEG_NUM;
        ll_ram_addr   <= #2 head[13:0];
        state         <= #2 RTN4;
        end
    else begin
        seg_num       <= #2 0;
        rtn_ptr_ack   <= #2 1;
        state         <= #2 RTN6;
        end
    end
```

```
RTN4:begin
    fq_ram_wr          <= #2 0;
    state              <= #2 RTN5;
    end
RTN5:begin
    ht_ram_wr          <= #2 1;
    ht_ram_din         <= #2 {ll_ram_dout[15:0],tail[15:0]};
    q_len_ram_din      <= #2 seg_num[17:0];
    q_len_ram_wr       <= #2 1;
    state              <= #2 RTN1;
    end
RTN6:begin
    fq_ram_wr          <= #2 0;
    rtn_ptr_ack        <= #2 0;
    ht_ram_wr          <= #2 1;
    ht_ram_din         <= #2 0;
    q_len_ram_din      <= #2 0;
    q_len_ram_wr       <= #2 1;
    ptr_ram_din        <= #2 18'b0;
    ptr_ram_wr         <= #2 1;
    re_head_ram_wr     <= #2 1;
    re_head_ram_din    <= #2 0;
    re_num_ram_wr      <= #2 1;
    re_num_ram_din     <= #2 0;
    state<= #2 IDLE;
    end
// ================================================================
//下列状态用于对所有缓冲区进行初始化
// ================================================================
INIT:begin
    if(ht_ram_addr < 4095) begin
        ht_ram_wr          <= #2 1;
        q_len_ram_wr       <= #2 1;
        ptr_ram_wr         <= #2 1;
        ht_ram_addr        <= #2 ht_ram_addr + 1;
        q_len_ram_addr     <= #2 q_len_ram_addr + 1;
        ptr_ram_addr       <= #2 ptr_ram_addr + 1;
        end
    else begin
        ht_ram_wr          <= #2 0;
        q_len_ram_wr       <= #2 0;
        ptr_ram_wr         <= #2 0;
        end
    if(fq_ram_addr < FQ_TOP)begin
        fq_ram_wr      <= #2 1;
        ll_ram_wr      <= #2 1;
        fq_ram_addr    <= #2 fq_ram_addr + 1;
        fq_ram_din     <= #2 fq_ram_din + 1;
        ll_ram_addr    <= #2 ll_ram_addr + 1;
        end
    else begin
        fq_ram_wr      <= #2 0;
        ll_ram_wr      <= #2 0;
        cfg_init       <= #2 0;
```

```
                  state        <= #2 IDLE;
               end
          end
     endcase
     end
//自由指针缓冲区
sram_w18_d16k u_fq_ram (
  .clka(clk),                    // input clka
  .wea(fq_ram_wr),               // input [0 : 0] wea
  .addra(fq_ram_addr[13:0]),     // input [13 : 0] addra
  .dina(fq_ram_din[17:0]),       // input [17 : 0] dina
  .douta(fq_ram_dout[17:0])      // output [17 : 0] douta
);
//链表缓冲区
sram_w18_d16k u_ll_sram (
  .clka(clk),                    // input clka
  .wea(ll_ram_wr),               // input [0 : 0] wea
  .addra(ll_ram_addr[13:0]),     // input [13 : 0] addra
  .dina(ll_ram_din[17:0]),       // input [17 : 0] dina
  .douta(ll_ram_dout[17:0])      // output[17 : 0] douta
);
//头尾指针缓冲区
sram_w36_d4k u_q_head_tail_sram (
  .clka(clk),                    // input clka
  .wea(ht_ram_wr),               // input [0 : 0] wea
  .addra(ht_ram_addr[11:0]),     // input [11 : 0] addra
  .dina(ht_ram_din[35:0]),       // input [35 : 0] dina
  .douta(ht_ram_dout[35:0])      // output[35 : 0] douta
);
//数据块内读写指针缓冲区
sram_w18_d4k u_wr_rd_ptr_sram (
  .clka(clk),                    // input clka
  .wea(ptr_ram_wr),              // input [0 : 0] wea
  .addra(ptr_ram_addr[11:0]),    // input [11 : 0] addra
  .dina(ptr_ram_din[17:0]),      // input [17 : 0] dina
  .douta(ptr_ram_dout[17:0])     // output[17 : 0] douta
);
//队列长度缓冲区
sram_w18_d4k u_q_len_sram (
  .clka(clk),                    // input clka
  .wea(q_len_ram_wr),            // input [0 : 0] wea
  .addra(q_len_ram_addr[11:0]),  // input [11 : 0] addra
  .dina(q_len_ram_din[17:0]),    // input [17 : 0] dina
  .douta(q_len_ram_dout[17:0])   // output[17 : 0] douta
);
//队列重传头指针缓冲区
sram_w18_d4k u_re_head_sram (
  .clka(clk),                    // input clka
  .wea(re_head_ram_wr),          // input [0 : 0] wea
  .addra(re_head_ram_addr[11:0]), // input [11 : 0] addra
  .dina(re_head_ram_din[17:0]),  // input [17 : 0] dina
  .douta(re_head_ram_dout[17:0]) // output[17 : 0] douta
);
//队列重传数据深度缓冲区
```

```verilog
sram_w18_d4k u_re_num_sram (
  .clka(clk),                      // input clka
  .wea(re_num_ram_wr),             // input [0 : 0] wea
  .addra(re_num_ram_addr[11:0]),   // input [11 : 0] addra
  .dina(re_num_ram_din[17:0]),     // input [17 : 0] dina
  .douta(re_num_ram_dout[17:0])    // output[17 : 0] douta
);
endmodule
```

下面是 queue_controller_blk 电路的仿真代码。

```verilog
`timescale 1ns/100ps
module queue_controller_blk_tb;
reg                clk;
reg                rstn;
wire               cfg_init;
reg                ingress_ptr_last;
reg                ingress_ptr_req;
wire               ingress_ptr_ack;
reg       [11:0]   ingress_qnr;
wire      [18:0]   ingress_ptr;
reg                egress_ptr_req;
wire               egress_ptr_ack;
wire               egress_ptr_last;
reg       [11:0]   egress_qnr;
wire      [18:0]   egress_ptr;
reg                egress_restart_req;
wire               egress_restart_ack;
reg       [11:0]   egress_restart_qnr;
reg                rtn_ptr_req;
wire               rtn_ptr_ack;
reg       [11:0]   rtn_qnr;
//设置下面 4 个信号是为了便于直接观察数据块指针和块内分段指针
wire      [13:0]   ingress_blk_ptr;
wire      [4:0]    ngress_seg_ptr;
assign ingress_blk_ptr = ingress_ptr[18:5];
assign ingress_seg_ptr = ingress_ptr[4:0];
wire      [13:0]   egress_blk_ptr;
wire      [4:0]    egress_seg_ptr;
assign egress_blk_ptr = egress_ptr[18:5];
assign egress_seg_ptr = egress_ptr[4:0];
always #5 clk = ~clk;
queue_controller_blk u_qc_blk(
    .clk              (clk               ),
    .rstn             (rstn              ),
    .cfg_init         (cfg_init          ),
    .ingress_ptr_last (ingress_ptr_last  ),
    .ingress_ptr_req  (ingress_ptr_req   ),
    .ingress_ptr_ack  (ingress_ptr_ack   ),
    .ingress_qnr      (ingress_qnr       ),
    .ingress_ptr      (ingress_ptr       ),
    .egress_ptr_req   (egress_ptr_req    ),
    .egress_ptr_ack   (egress_ptr_ack    ),
    .egress_ptr_last  (egress_ptr_last   ),
    .egress_qnr       (egress_qnr        ),
```

```verilog
    .egress_ptr          (egress_ptr          ),
    .egress_restart_req  (egress_restart_req),
    .egress_restart_ack  (egress_restart_ack),
    .egress_restart_qnr  (egress_restart_qnr),
    .rtn_ptr_req         (rtn_ptr_req         ),
    .rtn_ptr_ack         (rtn_ptr_ack         ),
    .rtn_qnr             (rtn_qnr             )
    );
initial begin
    clk = 0;
    rstn = 0;
    ingress_ptr_last = 0;
    ingress_ptr_req = 0;
    ingress_qnr = 0;
    egress_ptr_req = 0;
    egress_qnr = 0;
    egress_restart_req = 0;
    egress_restart_qnr = 0;
    rtn_ptr_req = 0;
    rtn_qnr = 0;
    #100;
    rstn = 1;
    while(cfg_init) repeat(1)@(posedge clk);
    #10_000;
    wr_op(100,64);
    #1000;
    rd_op(100,64);
    #100;
    egress_restart_op(100);
    #1000;
    rd_op(100,64);
    #1000;
    rtn_op(100);
    end
//wr_op 任务用于模拟因连续写入多个数据分段而获取多个指针
task wr_op;
input    [11:0]  qnr;
input    [9:0]   qnr_num;
integer          i;
begin
    repeat(1)@(posedge clk);
    for(i = 0;i < qnr_num;i = i + 1)begin
        ingress_ptr_req = 1;
        if(i == qnr_num - 1) ingress_ptr_last = 1;
        else ingress_ptr_last = 0;
        ingress_qnr = qnr;
        while(!ingress_ptr_ack) repeat(1)@(posedge clk);
        #2;
        ingress_ptr_req = 0;
        ingress_ptr_last = 0;
        repeat(1)@(posedge clk);
        #2;
        end
    end
```

```
        endtask
        //rd_op 任务用于模拟因连续读出多个数据分段而读出多个指针
        task rd_op;
        input     [11:0]   qnr;
        input     [9:0]    qnr_num;
        integer            i;
        begin
            repeat(1)@(posedge clk);
            for(i = 0;i < qnr_num;i = i + 1)begin
                egress_ptr_req = 1;
                egress_qnr = qnr;
                while (!egress_ptr_ack) repeat(1)@(posedge clk);
                #2;
                egress_ptr_req = 0;
                repeat(1)@(posedge clk);
                #2;
                end
            end
        endtask
        // egress_restart_op 任务用于模拟重新发送某个队列中的所有数据分段
        task egress_restart_op;
        input     [11:0]   qnr;
        begin
            repeat(1)@(posedge clk);
            #2;
            egress_restart_req = 1;
            egress_restart_qnr = qnr;
            while (!egress_restart_ack) repeat(1)@(posedge clk);
            #2;
            egress_restart_req = 0;
            end
        endtask
        // rtn_op 任务用于模拟指针归还操作
        task rtn_op;
        input     [11:0]   qnr;
        begin
            repeat(1)@(posedge clk);
            #2;
            rtn_ptr_req = 1;
            rtn_qnr = qnr;
            while (!rtn_ptr_ack) repeat(1)@(posedge clk);
            #2;
            rtn_ptr_req = 0;
            end
        endtask
        endmodule
```

图 6-10 是多用户队列管理器 2 内部初始化仿真波形。初始化过程中,深度为 16K 的
fq_ram 依次被写入 0x0000～0x3fff,用于指向 DDR 中的 16K 个数据块。其余内部缓冲区
均被清零。

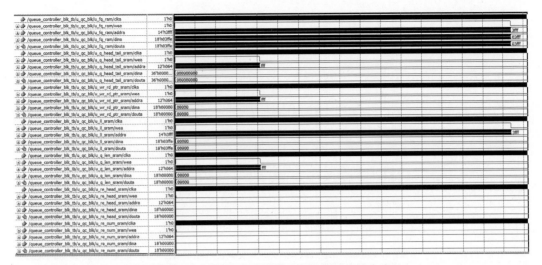

图 6-10　多用户队列管理器 2 内部初始化仿真波形

图 6-11 是多用户队列管理器 2 连续数据写入指针请求仿真波形。根据上面的仿真代码可知,它模拟数据写入处理电路连续向队列 0x64 申请了 64 个指针,占用了两个数据块(64 个数据分段),数据块的指针分别为 0x3fff 和 0x3ffe。完成指针申请后,该队列占用的数据分段数量为 0x40 个。

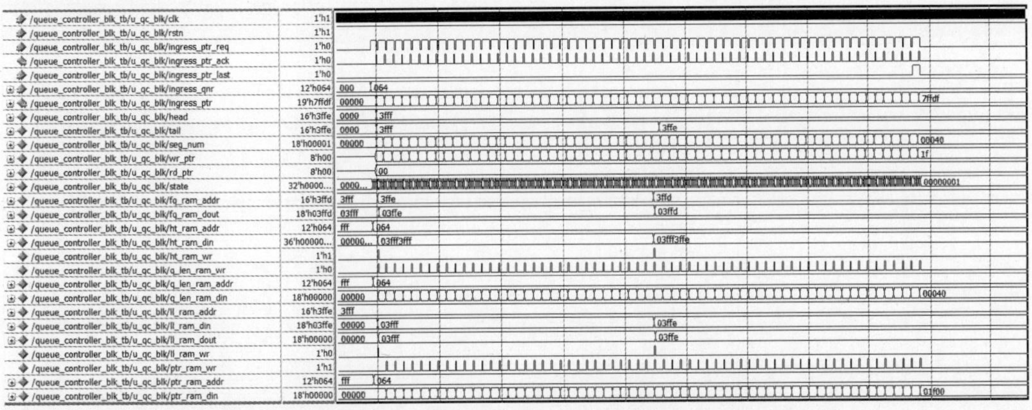

图 6-11　多用户队列管理器 2 连续数据写入指针请求仿真波形

图 6-12 是多用户队列管理器 2 连续数据读出指针请求仿真波形。根据上面的仿真代码可知,它模拟数据读出处理电路连续向队列 0x64 申请了 64 个指针。完成指针读出申请后,该队列占用的数据分段数量为 0 个。

图 6-13 是多用户队列管理器 2 重新发送该逻辑队列中数据的仿真波形。可以看出,经过重新发送请求后,读出电路又发出了 64 个发送请求,实现了该逻辑队列数据的重新发送。

图 6-14 是多用户队列管理器 2 进行指针归还的仿真波形,可以看出,针对 fq_ram 进行了两次指针写入操作,0x3fff 和 0x3ffe 被写入了 fq_ram,同时 ht_ram 和 ptr_ram 的地址 0x64 均被写入 0。

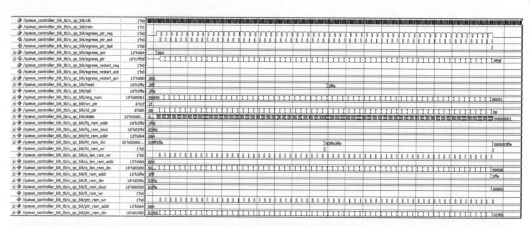

图 6-12　多用户队列管理器 2 连续数据读出指针请求仿真波形

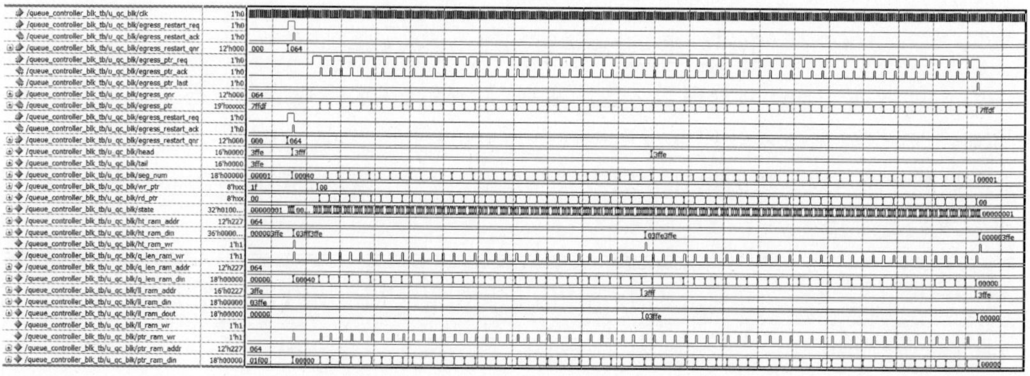

图 6-13　多用户队列管理器 2 重新进行数据发送仿真波形

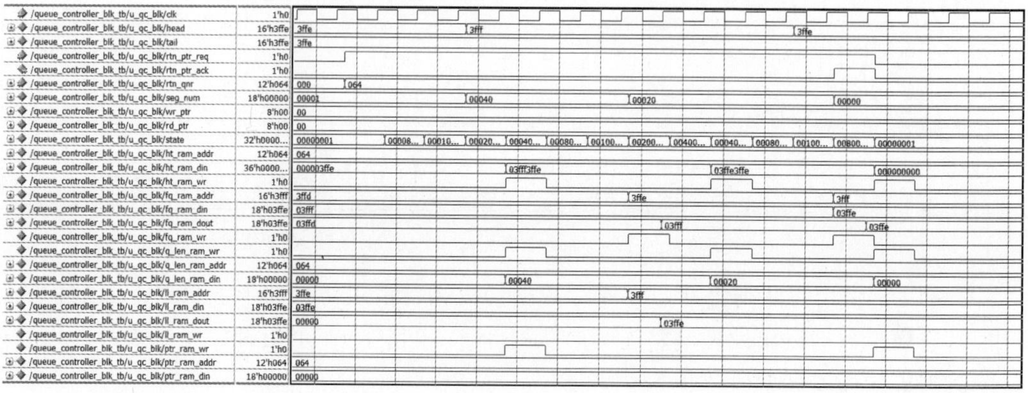

图 6-14　多用户队列管理器 2 指针归还操作仿真波形

参 考 文 献

[1] 郭炜,魏继增,郭筝,等.SoC 设计方法与实现[M].3 版.北京：电子工业出版社,2017.

[2] 乔庐峰,陈庆华,晋军,等.VerilogHDL 算法与电路设计——通信和计算机网络典型案例.北京：清华大学出版社,2021.

[3] 乔庐峰,陈庆华,晋军,等.VerilogHDL 数字系统设计与验证——以太网交换机案例分析.北京：电子工业出版社,2021.

[4] 谢钧,谢希仁.计算机网络教程[M].6 版.北京：人民邮电出版社,2021.

[5] 徐恪,徐明伟,李琦.高级计算机网络[M].2 版.北京：清华大学出版社,2021.

[6] Liu B,Jonathan C H. High Performance Switches and Routers[M]. New York：Wiley InterScience,2006.

[7] 王金明,徐程骥.VerilogHDL 实用教程[M].北京：电子工业出版社,2023.